中公文庫

海軍応用戦術／海軍戦務

秋山真之
戸高一成編

中央公論新社

目次

海軍応用戦術／海軍戦務

凡　例

一、原文の片仮名を平仮名に改め、漢字は新字体とした。
一、仮名遣は原文のままとし、濁音の仮名を使用し、句読点を適宜補った。
一、原文の用字を尊重したが、明らかな誤りは訂し、脱字は〔　〕に入れて補った。
一、「塲」「愶」などの異体字はそれぞれ「場」「協」に、「コ」「トキ」「トモ」「メ」はそれぞれ「事」「とき」「ども」「して」に改めた。
一、掲載の図は、原本のまま転載した。

海軍応用戦術

緒言

本日より応用戦術の講究に入ります。此応用戦術なるものは吾々が已に講究しま〔し〕た処の基本戦術を如何にして実際に応用すべきかを攻究する処の兵学の一科程でありまして、素より特に応用戦術と称する戦術が之れあると云ふのではありません、唯だ学術上の便宜より設けられたる科別の名称で、丁度基本化学、応用化学或は基本三角術、応用三角術と称別するが如きものであります。若し之れに適当の名称を下せば応用戦術と謂ふよりは寧ろ戦術の応用法とでも称する方が至当かも知れません。然しながら又基本の原則を実地に応用して現実に戦闘する活術が戦術であると云ふ見地よりすれば、之を応用戦術と称しても敢て差支へはありません。

近世諸学術の講究法を見まするに、凡て簡易なる学術は大抵其の基本的智識のみを座上に攻究しまして、之れが応用の方法に至りては別に之を攻究せずして、直に其の基本的智識を実際に活用し事業を遂行する様になつて居りますが、複雑なる学術になりますと、基本的講究に次で、更に其の応用に要する智識をも座上に研得せしむるを教例として居ります。例《たとへ》ば彼の柔術の如き至極簡易なる技術は先づ其の基本戦術とも謂ふべき型《かた》を一通り習得し、次で直に乱捉《らんどり》に入りまして、実際に活用しながら稽古を積むようになつて居りますが、複雑なる技術になると斯の如く基本の型から直接実用と云ふ次第には行かず、又其の応用法に関する特別の智識を要します。海軍戦術に於ても亦其の型とも謂ふべき基本戦術にては艦隊の編制とか、隊形とか、運用法とか或は戦法とかの如きものを攻究してありますが、偖《さ》て之を実際に応用するに当りては、基本的戦術以外に尚ほ時と場合に処する応用上の変化、及之れに要する心術、其心術と方術の関係等の如き、凡て応用に際し必要なる素識を研得練磨し置かなければなりません、是れ即ち海軍戦術の講究にも応用戦術の一科が設けられたる所以《ゆゑん》であります、兎に角基本と云ひ又応用と云ひ唯だ戦術講究上の科別で戦術其物に異なる処は無いのであります。

偖て然らば此応用戦術を如何にして座上にて研究するかと云へば、固《もと》より無形の心術にて、彼の基本的方術の如く数理又は形式を以て名状説明の出来難いものでありますから、多くは古来の戦例を引き、或は特に新戦例を仮想して、各種の場合に於て対抗軍の成敗利鈍の因で起る原因並に之れより生ずる結果等を討究して戦術応用の利害得失を考査し、以て応用に要する吾人の智識を練磨するのであります。

兎に角諸他の学術と同様に、此戦術に於ても真髄肝心と云ふ処は多く応用の部に存して居りまして、応用の適否に依りて成効失敗の分かるゝものでありますから、単に斯く座上にて応用の方法を講究するのみならず、尚ほ実戦又は演習等に臨み実際の場数を履んで修練を積み、応用に熟達せる、戦士とならなければなりません。世には往々百の基本的素識を有して、十にさへ応用の出来ざる人士もあれば、又十のものを百に変化して自在に応用する達人もありますが、吾々の期望する処は前者より寧ろ後者で、出来得るなれば百の基本的智識を得て千にも万にも応用したき次第であります。

明治三十六年九月

第一章　総説

第一節　戦略と戦闘の関係

作戦目的及計画

凡そ戦争若くは戦役に於て、対抗軍の直接の目的とする処は其作戦の攻勢なると守勢なるとを問はず一つに敵を屈するにあり。此目的を達せんが為に取る処の手段多々ありて、或は敵の兵力を殲滅し或は敵の要地を占略し、或は敵の兵資を奪略し、或は敵の交通を遮断する等の如き、何れも敵の抵抗力を減殺して痛困を感ぜしめ、遂に我に屈服するの已むを得ざるに至らしめんが為めなり。此等の手段を撰むには固より寸毫も制限あることなく如何なる手段を取るも敵を屈するの目的に適合すれば可なり。此等の手段を指して兵術上に於て作戦目的と称す。手段を目的と謂ふは聊か奇なりと雖も、凡百の人事皆な斯くの如きものにて、目的を達せんが為に手段を生じ、手段を遂行せんが為に又第二の目的を生じ、即ち第一の手段が第二の目的となり、其又第二の手段が第三の目的となるものなり。例ば身体を健全ならしむるの目的を達せん為に転地若くは運動と云ふが如き手段を取り、其又運動すると云ふ第二の目的を達する為に柔術或は水泳をするが如き第二の手段の生ずると一般なり。即ち戦争又は戦役に於て直接の目的とする処は敵を屈するにあれども、其作戦目的は直接の目的を達する為に取りたる手段、例ば敵の要地を占領すると云ふが如き手段を指して謂ふなり。故に作戦目的は時の戦勢に準じ種々あるものにて、或は敵の全軍を殲滅せんとすることもあれば或は其一部を撃破せんとすることもあり、又は単に敵の交通線を遮断せんとするもあれば、或は又敵の要地を占略せんとする等のこともあるなり。即ち此等の作戦目的を決定し、軍隊を其戦域内に運用して之を達成せんとする技術を戦略と謂ひ、其計画を作戦計画と謂ふなり（本編に謂ふ処の戦略は凡て直接に戦闘を支配する戦略を指すものにて戦役以上を支配する大戦略等を指すにはあらず）。

戦略の要旨

作戦目的に種々ありて之を達成せんとする技術を戦略とせること前述せるが如し。然らば戦略は又如何なる第二の手段を以て、其決定せる作戦目的を達せんとするか、此第二の手段も亦多々あらざる可からず。戦闘、封鎖、牽制、佯撃、陽動、威嚇、誘致等の如き皆此手段に属するものにて、戦闘なる破壊手段は実に其内の一手段に過ぎず。故に戦略は其作戦目的を達成するの手段として常に必ずしも、戦闘を撰むものにはあらずして、為し得れば戦闘以外の他の非戦闘的手段に依らんと欲するものなり。例ば茲に敵の兵力を殲滅せんとする作戦目的を達せんとする戦略に於て、一見直に我兵力を以て敵と衝突し、戦闘を以て力らづくに敵を撃滅せんとするかの如く思惟さるゝと雖、戦略は此場合に於てすら尚ほ為し得る限り戦闘を避け我が損害を出来得る丈け少くして敵の勢力を挫《くじ》かんとし、濫《みだり》に力戦奮闘を要求するものにあらず。今ま実例を引ひて之を証明せんに、日清戦争中の山東役に於て我日軍は威海衛に現存せる敵の艦隊を殲滅するを作戦目的とし、此目的に対する作戦計画の概要は、我が艦隊の主力が海上より間接に敵を威海衛に封鎖し、又其一部は登州府を佯撃して陸上の敵を西方に牽制し、又我陸軍一個師団半は急速栄城湾より上陸し、東方より威海衛の陸上背面に進出して他部との連絡を遮断し、以て敵を屈せんとしたり。此戦略実施の結果は頗る良好にして、海陸共に大なる戦闘なく唯だ僅かに我水雷艇隊の夜襲、二三砲台に対する威嚇砲撃及敵の脱出水雷艇の追撃等に止り海上に於ては主力と主力との衝突とも認む可き大戦闘なく、又陸上に於ても僅かに前衛部隊の衝突のみにて、全師団の戦闘として見るべき現象は更になかりし。然るに敵は海上よりは威圧せられ、陸上は連絡を断たれ、遂に力屈して降服するの已むなきに至り、北洋艦隊は茲に全滅して我軍は其作戦目的を達するを得たり。之を以て見るに、山東役の作戦目的は或る程度迄戦闘以外の他の手段を併用したる戦略上の成効に帰せざるを得ず。是れ即ち古の兵家の所謂「百戦百勝は善の善なるものにあらず、戦はずして敵を屈する之を善の善なるものと謂ふ」なる兵術の要旨に或程度迄適合したるものにて、今若し前述したる水雷艇の夜襲も陸上の小戦闘もなくして、全く海陸の圧迫と登州府の牽制砲撃等の如き手段のみに依りて威海衛が陥落したりと仮定すれば、之れぞ即ち真正の善の善なるものなるべし。左なきだに山東役の戦果は頗る多大なるものにて我軍の損害の僅少なるに反し、敵は一時に定遠、鎮遠を始め来遠、靖遠、済遠、平遠、広丙、其他砲艦水雷艇等十数隻を失ひ、加之《しかのみならず》陸兵の大部並に劉公島の要地をも失ふたるものにて、斯くの如く完全に作戦目的を達し得たる戦略は戦闘よりは寧ろ他の手段に依る処多かりしなり。

更に他の一実例を引かんに、同く日清戦争の遼東第一役に於て、日軍の作戦目的は敵の最強要地たる旅順口を占略せんとするにありし、而して此作戦に於ける戦略実施の現象如何《いかん》と観察するに、曩《さき》に朝鮮半島役にて平壌に勝ちたる我陸軍第一軍は徐々に満州境上に向つて北進し、之れがため此方面に清軍の大部分を牽制誘致し、関東半島の衛戍《ゑいじゆ》長官たりし宋慶の如きも殆んど其麾下《きか》の全力を率ひて鳳凰城附近に出て来れり。又黄海に勝ちたる艦隊は海上を制圧して事実上に於て金州半島の三面を包鎖し、陸上蓋平方面よりの外旅順に援軍の来加するを阻止せり。即ち第一軍の鴨緑江附近に於ける牽制動作と艦隊の海上制圧とが相須《ま》つて、殆んど旅順方面を空虚ならしめ、旅順大連に於ける敵の守備は多くは附近の新募兵等に委任されたる有様なりし。此に於て大同江に集合せる我第二軍が中間地点と謂ふべき花園河口に上陸して急速金州方面に進出し、敵の唯一の北方交通線を遮断したるを以て、関東半島は全く四面の交通を断たれ、最早《もはや》嚢中の物となり、大連も旅順も此時已に陥落したりと認めて可なり。蓋《けだ》し第二軍が金州、大連、旅順の如き敵の諸要地を何《いづ》れも半日若くは一日の戦闘を以て容易《たやす》く占略し得たるものは前述の戦略能く其効を奏し各地に於ける敵の抵抗力比較的減少したるが為めにして、若し宋慶の率ひたる大軍が大連、金州等に屯在し、又海上を経て天津等より旅順に増援の到着したらんには、第二軍如何《いか》に精悍なりとも斯く容易く攻略の功を奏すること能はざりしなるべし。此実例に就て観察するも、作戦の成効は或程度迄戦略に帰すること明白にして、今又仮りに此作戦に於て旅順大連等の敵の抵抗力が皆無となる迄に其戦略が成効したとすれば第二軍は刃に血ぬらずして作戦目的たる敵の要地を占略するを得、作戦は全然戦略の成効に帰して戦闘の現象を見ざりしならん。孫子が「城を抜く之を攻むるにあらざるなり」と説きしは蓋し斯くの如きを謂ふなり。是を以て之を見るも戦略は常に戦闘を主要の手段と為さず却て之れ無くして目的を達するを上乗とし、其要旨とする処は即ち「戦はずして敵を屈する」の一句に帰着するなり。

之を要するに戦争若くは戦役に於ける対抗軍の作戦目的は単に敵の移動兵力のみに対するにあらず、固定要点あり、移動物質あり、又無形の交通連絡等もありて、此等種々の作戦目的を達する為に取るべき手段は更に益々多々之れあり、必ずしも常に戦闘を事とするにあらず。戦略の要旨は寧ろ戦闘を避けて作戦目的を達するを上の乗とし、好し又戦闘を事とするも戦略は其戦闘地点即ち戦場に於て可成的我兵力を敵に比較して優勢ならしむるか或は彼れをして劣勢ならしめ、以て容易《たやすく》敵を圧倒するを期し、決して力戦苦闘して得難きの勝利を強て得んとするを努めざるなり。此の敵に対し我兵力を優勢ならしめ我に対し敵の兵力を劣勢ならしめんとする程度には固より際限あることなく、彼の二に対する我の三よりは彼の二に対する我の四となるを可とし、更に四より五、六、七、八と我兵力の敵に比して多々益々大ならんことを期せり、而して其の極度は彼を零とすれば我は一の兵力にても能く敵に対し無限大の優勢となるに帰着す。我が兵力を無限大にするか敵の抵抗力を皆無ならしむれば戦闘は遂に成立する能はざるが故に同じく戦略の要旨は「戦はずして敵を屈する」一原則に帰一せざるを得ざるなり。

戦略的手段として戦闘の価値

斯く推究し来れば戦略手段として戦闘の価値は真に僅少なるが如く、寧ろ封鎖牽制佯動威嚇等の如き他の手段にて敵を屈するに如かざるが如し。然り如何なる作戦に於ても戦闘は出来得る丈け避けざる可らず。好し全く之を避くること能はずとするも、尚ほ我兵力を敵に比して優勢に保ち、以て其戦闘を可成丈け容易ならしめざるべからず。是れ実に兵理に原《もとづ》ける戦略の原則にして動かす可からざるものなり。然りと雖《いへども》古来の戦例に徴するも、全く戦闘なくして作戦目的を達したる実例は真に稀少にして多くの場合に於て或る程度迄戦闘なる破壊手段に依らざれば作戦目的を達する能はざるを常とせり。現に前に引例したる日清戦争中の山東役に於ても、水雷艇の夜襲又は砲台攻撃の如き戦闘動作が此作戦の成効を助けたること少からず。又遼東役に於きても、旅順の戦闘が作戦目的を達する為に直接に与て力あるを認めざるを得ず。敵を屈する手段として戦闘は直接且つ単純なるのみならず、成効の迅速なるは到底他の手段を以てするも及ばざる処にして一打撃を加へられたる敵は其兵力を減殺さるゝのみならず、士気は挫折し編制は破壊せられ立《たちど》ころに其抵抗力を失ひ比較的に交戦の時日を短くして作戦目的を達する利益あるなり。戦闘以外の他の手段を以てするときは常に交戦時日を延長せしめ、勇敢なる敵は往々総《ふ》える困難を忍て堪《たふ》るゝ迄抵抗を持続することあり。前例の山東役に於ても水雷艇隊の襲撃を以て敵の一部を撃沈したる等が大に敵の降伏を速かならしめたるは疑《うたがひ》なく、又旅順に於ても艦隊は単に海上より封鎖し、陸軍も唯だ陸上背面一帯を包囲して持久の策を取りたりとすれば敵も長時日の後には遂に糧竭《つ》き気屈して降伏したるなるべしと雖も、彼の旅順口の戦闘を以て一日に之を陥落せしむる如き迅速の結果を見る能はざるや必せり。斯くの如く、戦闘を避けたる戦略の成効が比較的長時日を要することは古今の戦例の実証する処又理の当《まさ》に然らざる可からざる処にして、交戦時日の延長は率ひて諸種の患害を発生し、内部よりは天災、疾疫、軍需欠乏等の如き原因より漸次に我兵力を減少し、又外部よりは敵に援軍の増加或は他方面に於ける我が作戦の不利が当該方面の作戦に影響して漸次に戦勢も変化して終には我に不利なるに至ることが往々之れあるものなり。故に戦略の原則としては可成丈け戦闘を避くるを可とし、戦闘に依るは拙劣と認めらるれども、実際に臨んでは拙劣なりとも、戦闘を以て速《すみやか》に作戦を終局せしむることが却て作戦目的を達する径捷の手段となるなり。固より交戦時日を延長せしむることは必ずしも悪しきにはあらずと雖、多くの場合に於て悪結果を逞《たくましう》するを常とす。故に古の兵家も一方に於ては「戦はずして敵を屈するを善の善なるものとす」と教へ、又他方に於ては「兵は拙速を聞く、未だ巧の久しきを観ざるなり」と戒め居れり。即ち拙なりとも速かなる〔を〕可とし巧みなるも久きに亘りては不可とし、戦闘に依るは拙劣なれども速に作戦の目的を達するを以て結局善なるものとなさゞる可からざるに至る。

斯く多くの場合に於て戦闘に依り拙速に作戦目的を達するの必要ありとすれば、戦略実施上に於て戦闘を避けんと欲するも避く可からざること多く、為に戦略に対する戦闘の関係は頗る密接となり、其戦闘の成敗が直接又は間接に其作戦の成敗となるが故に常に最も之を重要視せざるべからざるなり。而して其戦闘は戦術を以て戦はるゝものにて、已に戦略が其戦闘を為さしめたる以上は其衝突地点即ち戦場に於ける勝敗の決は一つに戦術の巧拙に依り、最早戦略の与る所にあらず、故に戦術の巧拙は其作戦の第一要件となり、此の如き時若し戦略拙劣にして我が寡を以て敵の衆に対せしむるが如きことあるも、其場合に於ける戦術の巧妙なるときは能く我寡を以て敵の衆を破り、戦略の短所を補ふと同時に作戦の目的をも達し得らるゝものなり。去れば戦士として戦術の講究練磨は戦略よりも緊要にして古来の兵術の講究に於て戦術が第一位に置かる丶もの、又其故無きにあらざるなり。

之を要するに戦闘は戦略実施の一手段に過ぎずして、戦略は必ずしも戦闘を為さしめず、寧ろ可成丈け戦闘を避けしむるものなるが故に原則としては戦略上必要あるにあらざれば濫りに戦闘すべきものにあらずと雖、多くの場合に於て戦闘に依るの外迅速に作戦目的を達するを得ざるを以て、之を避けんと欲するも避く可からざるを常とし単に原則のみに拘泥すべきにあらずと云ふに外ならざるなり。

戦略上戦闘の起るべき場合

前段述べ来りたる戦略に対する戦闘の関係は凡て対抗軍の一方のみに就きて之を主観的に立論したるものにて、未だ之を以て直に戦闘其物が成立するものと即断すべきにあらず。何となれば戦争と戦闘とを問はず、凡て兵戦なるものは男女が夫婦の契約をなすが如く、相対的に成立するものにて、対抗軍双方の意志が相一致せざるときは、其処に戦闘の起るべきものにあらず。例へば茲に我優勢の一軍が敵の劣勢の一軍に相会したりとするも、敵は其戦略上戦闘を為すを好まずして戦闘を避くるに努むるときは仮令《たとひ》我に挑戦の意ありとするも、合戦は成立せざるなり。此の如き場合に於て敵も均勢の兵力を有して我れと決戦せんとするか、或は敵は避戦せんとするも我軍が之に追窮して戦はざるの已むを得ざるに至らしむれば、其処に初めて戦闘の成立を見るを得るなり。而して戦略の原則として我劣勢の兵力を以て優勢の敵と戦闘すべきにあらざれば劣勢のものは常に戦を避くるを事とし、従て戦闘の成立する場合は比較的僅少なりと言はざる可からず。此故に戦争若くは戦役に於て戦闘の起るは左記の場合の外あらざるものなり。

一、対抗両軍の戦闘力均勢なるとき。

二、対抗両軍の双方若くは一方が敵の戦闘力を誤算し各其敵に対し優勢又は均勢なりと誤信したるとき。

三、対抗軍の一方が優勢優速にして劣勢劣速なる敵を窮迫して戦闘するの已むを得ざるに至らしめたるとき。

四、対抗軍の一方の劣勢なるも其巧妙なる戦術に依り優勢の敵を屈し得ると自信したるとき。

苟《いやしく》も戦闘をなす以上は対抗軍の双方共に勝利を期して敗戦を望まざるが故に右四つの場合の外戦闘の起るべきものにあらず。而して前記の如き場合は比較的に僅少なるものなれば戦闘の起るも亦僅少なりと断定するの外あらざるなり。之を実例に徴せんに、日清戦争に於て我日軍の艦隊は終始敵を索《もと》めて之れと会戦するに努めたるも、敵常に避戦の戦略を執りしを以て容易に会戦すること能はざりしが、漸《やうや》く開戦後約三ケ月を経て清国艦隊が其陸軍を護衛して鴨緑江附近迄出て来たる時に我艦隊が之を黄海の一隅に圧迫して戦ふの已むを得ざるに至らしめ、茲に初て彼の黄海の海戦を現出したるものなり。此時若し清国艦隊の速力我艦隊に優りて、彼れ戦を避けて旅順又は大連湾等に避退したらんには此戦闘は起らざりしなるべし。其他トラファルガーの海戦の如きも其起りたる後より之を観察すれば真に容易く偶然に起りたるかの如くなるも、其此に至る迄の経路は較々《やや》複雑にして、英将ネルソンが不屈不撓の鋭気を以て終始敵を索め、大洋を横《よこぎ》りて西印度に航し、敵を見ずして空しく欧海に還航せるが如き長日月に亘れる惨憺たる戦略的行動の後に起りたるものにて、敵避戦を事とするときは戦闘の容易に成立すべきものにあらざることを事実に証明せり。而かも彼のトラファルガーに於て幸にネルソンの率ふる英艦隊が敵に対し風上を占めたるため遂に敵を追窮して彼の有名なる海戦をトラファルガー岬前に現出せしむるを得たるも、若し当時対抗両軍風上風下の位置相転倒したらんには避戦戦略を執れるヴヰレニユーブの聯合艦隊は其最近根拠地たるカヂズに避退してネルソンをして彼の功名をなさしめざりしなるべし。

前述の如く実際に於ても又理論に於ても、戦闘の容易に起るべきものにあらざるは明白なりとす。然るに兵術思想に乏しき将校は戦争と聞くと同時に直に戦闘を聯想して、我に戦ふの決心あれば容易く敵と会して砲煙弾雨の裡に相見るを得るかの如く思惟すと雖も之れ未だ見識の足らざるより生ずる妄想にて戦闘は斯く容易に為し得らるゝものにあらざるなり。

本節は複雑なる戦略と戦闘の関係を簡短に此一小節に述べ尽さんとしたるを以て、前後混雑して或は解し難き所あらん。之を要するに戦略の要旨は戦はずして敵を屈せんとし、可成丈け戦闘を避けて作戦目的を達せんとするに拘らず兵術は拙速を貴び或程度迄戦闘に依らざる可らず。又戦略上戦闘に依らんとするも対抗軍双方の戦略如何に依り必ず戦闘の成立すべきにあらずして戦闘は容易に起り得べきものにあらずと云ふに帰着す。

第二節　戦闘の目的及種別

戦闘の戦略上の目的

戦闘の目的及種別に戦略上のものと戦術上のものとの二種あり。今ま先づ其戦略上の目的及種別に就き説明せんとす。

已に第一節に述べたる如く戦略の要旨として戦闘は必ずしも為すべきにあらずして、寧ろ之を避くべきものなり。然れども多くの場合に於て之を避くるときは拙速の要旨に悖《もと》るを以て遂に之を為さゞる可らざるに至るものなり。而して其戦闘を為すべきか又は為すべからざるかの利害得失は戦略上の問題に属し茲《ここ》に戦術の範囲内に於て論ずべきの限りにあらざるも、既に戦略上一つの戦闘を為すの必要ありとすれば其戦闘には必ず何の為めに其戦闘をなすかの目的なからざる可からず。例ば其戦闘は敵の主力を撃滅せんが為めにし、或は多少に拘らず敵の兵力を減殺せんが為めにし、或は敵の行動を渋滞せしめんが為めにし、或は敵の要地若くは物資を略取せんが為めにし、或は又守勢の作戦なれば敵の陸軍上陸を妨げんが為めにし、又は我要地を敵に奪はれざる為にするかの如く、凡て作戦の攻勢と守勢とに拘らず、戦闘を為せば、必ず之を為す所以《ゆえん》の目的あるべし。之を称して、戦闘の戦略上の目的と謂ふなり。

此戦闘の戦略上の目的は常に必ずしも作戦目的と一致するものにあらず。作戦目的は其作戦の終局の目的にして、其作戦中に行ふ処の各戦闘は固より直接若くは間接に其作戦目的を達する為めにするものなりと雖も、此等の各戦闘には各其局地に於て分岐せる戦略上の目的を以て各地に戦はるゝものなり。例ば日清戦争に於て清軍が其敵に対し旅順の要地を奪はれざるを作戦目的として敵の陸軍が花園口に上陸したるを探知し、之を防遏せんが為め水雷艇隊を放つて敵を襲撃したりと仮定せんに、敵に対し旅順の要地を守ることは此守勢作戦の作戦目的にして、又花園口を襲撃せる水雷艇隊は敵の上陸を防遏すると云ふ戦略上の目的を以て此戦闘を為せるものなり。固より此戦略上の目的は間接に作戦目的を達するを支助するものなれども、全く之れと一致せるものにあらず。然るに敵は已に旅順の附近に近接し来り、其海陸聯合の攻撃に対して防戦する場合には其戦闘の戦略上の目的は旅順の要地を守ると云ふ作戦目的と一致するに至るべし。更に日軍の側より此戦役を観察し攻勢作戦に於ける其作戦目的を如何と問へば、旅順の要地を占略するを作戦目的とし、花園口に陸軍の上陸を掩護せる艦隊が敵の水雷艇隊の来襲を撃退したりとすれば其戦闘に於ける戦略上の目的は陸軍の上陸を掩護するにあり。又其艦隊が戦ふて大連湾を攻略したりとすれば、其戦闘は敵の要地たる旅順を占略するの作戦目的に対し、其立脚地とすべき大連の要地を先づ占領せんとする戦略上の目的を以て戦はれたるものにて、何れも其局地に於ける特別の戦略上の目的を有し未だ作戦目的とは一致せざるものなり。然るに旅順に於ける海陸聯合攻撃の戦闘は終局の目的たる旅順占略と一致するが故に、此戦闘の戦略上の目的は作戦目的と一致せるものなり。

戦闘の戦略上の種別

斯の如く一作戦に於ける各戦闘は各別に戦略上の目的を有し、此目的は取りも直さず其戦闘部隊の有する任務を形成するものなり。而して此等戦略上の目的が作戦目的と一致すると否とに準じて戦闘を左の三種に種別す。

一、本戦　　二、支戦　　三、不期戦

第一、本戦とは其戦闘の戦略上の目的が作戦の目的と一致せるもの即ち直接に作戦目的を達せんとする戦闘を謂ふ。例ば黄海海戦、旅順の戦闘等の如し。

第二、支戦とは其戦闘の戦略上の目的が作戦目的と一致せざるもの、即ち間接に作戦目的を達するを支助する戦闘を謂ふ。例ば豊島海戦、大連湾の戦闘等の如し。

第三、不期戦とは、戦略上の目的を有せざる戦闘を謂ふ。例ば豊島の海戦は清軍に取つては不期戦と称するを適当とす。

右戦闘の各種別は何れも対抗軍の一方より見たる主観的の種別にして、必ずしも対抗軍双方に通じたるものにあらず。故に或は一方は本戦と認むるも他方は之を支戦又は不期戦とする実例なきにあらず。又支戦若くは不期戦等に於て意外に作戦目的を達することありて、敵の所在不明なる場合等には往々此の如きことあり。例ば敵の主力を撃滅せんとする作戦目的を持せる艦隊の一部が敵の一小部隊の其地に伏在せるの報に接し、之を撃破せんとして其地に至るの途上意外にも敵の主力に遭遇して力戦し、遂に之を撃破し期せずして作戦目的を達することあり。黄海海戦の如きも後日より見れば之を本戦と認むと雖も、我艦隊が敵の運送船捜索等の如き支戦の目的を持して海洋島附近より鴨緑江に向針し、図らず敵の主力と遭遇して会戦するに至りたるものとすれば、又之を不期戦と称するも可なり。但し戦術上にて本戦若くは支戦と謂ふは是より為さんとする戦闘の戦略上の目的に準じて種別するものにて、戦闘の終りたる後歴史的に観察して後日より之を種別するものにあらざるなり。元来戦闘なるものは其本戦と支戦に拘らず其作戦上の目的を達せんが為めに行ふ処の一種の手段たるは前述べたる如くにして凡て戦闘する者は此戦略上の目的即ち何故に此戦闘を為すかの理由を了解して之に従事せざる可からず。即ち此目的を達すると否とが直接若くは間接に全局の作戦目的の成否に関係するものなれば唯だ目的もなく無謀に戦闘するも、全局の作戦に対し何等の利益もあらざるなり。故に戦闘は必ず其戦略上の目的を以て戦ふを要し、仮令不期戦等に於て予め案画されたる戦略上の目的を持せざるも、其場合に於ける全局の戦勢より推して即時に戦略上の目的を定めて対戦せざる可からず。而して多くの場合に於て其局地に於て敵を屈することは戦略上の目的を達する所以にして特に本戦に於て然りとす。然れども支戦に於ては敵に勝つと否とは必ずしも戦略上の目的を達すると否とに関係せず。往々敗るゝも戦略上の目的を達することあり。例へば茲に一支隊ありて其主隊は遠く離れ敵の主力を洋中に捜索して之を撃滅せんとするに対し、此支隊は其附近の一港に伏在せる敵の一部を監視して、外洋より来る敵の主力に合同せしめざるの任務を有する場合に於て、若し港内の敵逸出し来り其の兵力意外に優勢にして或る時間之れと交戦して遂に敗れたりとせんに、其支隊は敗れたりとも或る時間敵の行動を遅滞せしめたるが為めに我主力をして外洋より来る敵の主力を捜索して撃滅するを得せしめたりとすれば、其支隊の任務即ち戦略上の目的は達せられたるものなり。故に支戦又は不期戦等に於ては時の戦勢に応じて仮令敗戦を予期するも戦はざる可らざることありて、戦闘に従事するものは其戦闘の戦略上の目的を服膺して戦ふこと最も必要なりとす。

戦闘の戦術上の目的

戦闘には又戦略上の目的の外に戦術上の目的あり。前者は即ち何の為に此戦闘を決行するかの目的なるも、後者は如何にして眼前の敵と戦ふべきかの目的なり。此戦術上の目的に就ては古今兵家の説く処異同ありて、泰西の兵家は「戦闘の戦術上の目的は我れに最少の損害を以て敵に最大の損害を与ふるにあり」と云ひ又は「敵の兵力を滅殺し為し得れば之を殲滅するにあり」と説く者多し。然るに和漢の古兵家は戦闘の戦術上の目的も戦争、戦役等の目的と等しく単に「敵を屈するにあり」と説けり。右の両説何れを是とするも我々戦士が実戦を学ぶに大なる差別無きが如しと雖も、根本の主義異れば自然に戦闘の方法も異なるが故に、聊か理論に傾くの嫌あれども簡単に此等の諸説に対する私見を附述せんとす。

右の両説を比較するに泰西兵家の諸説は敵に最大の損害を与へ、或は為し得れば之を殲滅せんとするが如き、全く其敵を殺して無き者にせんとする殺敵主義にして、敵を殺傷するは此主義の目的とする処なり、又和漢兵家の説は敵の意志を屈して我に服従せしめんとする屈敵主義にして、敵を殺傷することあるも、そは唯だ敵を屈するの手段として用ゆるものなり。即ち前者は殺敵を目的とし後者は殺敵を手段とせり。今単純なる一例を以て之を対比せんに、茲に相格闘する二兵ありと仮定せよ、殺敵主義にては飽く迄も対手の生命を断つを目的とし、之れがため敵の致命部を斬り終に咽喉を衝かんとし、敵も亦同一の意志を以て之に対抗するが故に其格闘惨烈にして、敵を倒し得るも我も亦大傷して起つ能はざるの被害に苦まざるを得ず。何となれば人を傷くるものは必ず又己れも傷くべきものなればなり。之れに反し屈敵主義にては為し得る限り敵を殺傷するを避け、単に之を屈伏せしむるの手段として或は之を疲労せしめ或は其武器を奪ひ或は其手足を傷け、以て其抵抗力を減殺し、遂に我に屈服するの已むを得ざる〔に〕至らしむるを目的とするを以て敵が最後迄抵抗するにあらざれば其生命を断つことなし。即ち屈敵主義の最後の手段を尽したる結果は殺敵主義の目的を達したるものと一致す。故に此主義にては常に多くの時間を要するを免れざるなり。

本来戦闘なるものは已に殺傷を意味するものなりと雖も、殺敵主義の如く我損害を犠牲として飽く迄も其敵人を殺さんとするの必要なく、為し得れば撃沈せんよりは捕獲して、我有となすに如かざるなり。故に殺敵は決して戦闘の本旨にあらざるべく、戦闘の戦術上の目的は和漢兵家の説の如く「敵を屈するにあり」とするを適当なりと認む。然れども未だ完全なる戦闘力を有する敵が初より直に屈伏すべきにあらざれば其目的を達するの手段として或る程度迄殺敵を行はざる可らざるは論を俟たず。加之拙速を貴ぶ兵術に於ては漫《みだ》りに主義に拘泥して屈敵に努め徒《いたづら》に時間を消費す可からざるを以て、迅速に敵を屈せんとせば勢ひ激烈なる殺敵手段を施さゞる可からざるなり。

前記両説の外戦闘の戦術上の目的に就きて諸兵家の説に異同なきにあらざるも、帰着する処は大抵此両説の一つに過ぎず。就中《なかんづく》戦闘の戦術上の目的は「敵に勝つにあり」と説けるものありて、一見其要を得たるが如しと雖も、本来勝つと云ふことが容易に名状し難き語なるを以て之を適当の界説と認め難し。尚ほ勝敗に関することは之を次節に詳論せんとす。

斯く戦闘の戦術上の目的は単一に敵を屈するにありとすれば、此の敵を屈する程度に等差なからざる可からず。即ち絶対的に敵を屈し得ることもあるべく、又或程度迄比較的に敵を屈する場合もあるべし。古来戦例の示す処に依れば絶対的に敵を屈し得たるは殆ど稀れにして、多くは或程度迄敵を屈し得たるに止り、又屈敵の目的を達する能はざるのみならず却て敵より屈せらるゝことあり。両々相対抗する兵軍は各其敵を屈するを目的とするも其敗者は常に敵より屈せられたる者なり。而して其屈敵の程度は其戦闘の戦略上の目的を達すると否とに影響するが故に前段に述べたる如く戦略上の目的を服膺して戦闘すること固より必要なれども、已に敵と対するに至れば先づ戦術上の目的を達するを直接の要件なりとす。但し戦術上の目的を達すると同時に常に必ず戦略上の目的も達し得らるゝものにあらず。例ば茲に敵の陸軍揚陸を阻止すべき戦略上の目的を持して、一艦隊が敵の上陸地点を急襲し、敵の揚陸掩護艦隊を撃破し或る程度迄戦術上の目的を達し得たりとするも尚ほ陸軍の揚陸を阻止すること能はざる場合の如き是なり。彼のナイルの海戦の如きも戦略上の目的はナポレヲンの埃及《エジプト》攻略を阻止するにありて実に比類少なき大勝を以て殆んど全然敵を屈し得たるものなれども、尚ナポレヲンは依然埃及の攻略を遂行することを得、其当時に於ては未だ充分に戦略上の目的を達する能はざりし。然るにトラファルガーの海戦は戦闘の戦略上の目的も戦術上の目的も両方共に達成されたる好適例なり。

戦闘の戦術上の種別

戦闘の戦術上の目的を達するに程度あること前述せるが如し。此敵を屈する程度は戦つて後に之を知るものなれども、戦闘は常に戦はざる前に此屈敵の程度を鑑定して開戦すべきものなり。若し此程度の鑑定に過不足あらんか、過ぐれば我が力及ばずして却て敵に屈せられ又不足なれば得らるべき勝利をも亡失するものなり。而して此敵を屈する程度の鑑定は主として彼我戦闘力の優劣、時象、地形の利害、即ち当時の戦勢如何の考慮より来るものにして、当該対抗軍の意志に依り或は全然敵を撃滅又は捕獲せんとし或は撃攘撃退に止めんとし、屈敵の程度に差等を生じ従て或は決戦となり或は対持戦となり、又屈敵の算立たざれば退却戦となり、退却する敵に戦を強ふれば追撃戦となるべし。即ち戦闘の戦術上の目的を達せんとする対抗軍の意志の程度に準じて戦闘は左記の如く種別せらるゝものなり。

一、決戦　二、対持戦　三、追撃戦　四、退却戦

第一、決戦とは積極的に戦闘の戦術上の目的を達せんとする戦闘即ち完全に敵を屈せんとするものを謂ふ。

第二、対持戦とは消極的に戦闘の戦術上の目的を達せんとする戦闘即ち充分に敵を屈する能はざるも我も敵に屈されざらんとする戦闘を謂ふ。

第三、追撃戦とは我より避退せんとする敵に対し積極的に戦闘の戦術上の目的を達せんとする戦闘を云ふ。

第四、退却戦とは敵を避け消極的に戦闘の戦術上の目的を達せんとする戦闘を謂ふ。

如上戦闘の種別も亦対抗軍の一方より主観的に分類したるものにて、凡て戦闘の如き相対的に成立するものにては其一方に於て決戦せんとするも、他方は対持戦を以て之れに対抗することなしとせず。故に同一の戦闘に於て対抗軍の双方の見界を異にする場合少からず。又一戦闘の経過中戦勢の変化に準じて戦況も変化し来り、初めは対抗軍の双方決戦の目的を以て合戦するも、其一方利あらざるときは已むを得ず退却戦をなし、之に反し他方は追撃戦に移り或は又対持戦中戦機の発展を見て更に決戦に移

るが如きことありて必ずしも一戦闘を通して同一種の戦闘を終始するものにあらざるなり。

第三節　戦闘の勝敗及戦果

勝敗の界説

夫れ勝と謂ひ敗と謂ひ、吾人は常に凡百の争闘に於ける輸贏《しゆえい》の結果を言現はすの通語として之を用ふと雖も、抑も勝とは如何なる現象なるか、又敗とは勝に対して如何なる差異ありかと問へば決して適確簡単に説明し得るものにはあらず。彼の撃剣柔術、相撲或は囲碁将棋の如き、最も単純なる争闘に於てすら、其勝敗の判決は困難なるものにて、為に何れも勝敗を判決すべき人為的の審判規定を設けざるはなし。例ば相撲にては土俵の外に出づるか、手を地に着くれば敗となり、又将棋に於ては先づ対手の王将を殺すを勝とするが如き、皆な此の如き協定規約に依り勝者勝を称し、敗者敗に服すと雖も、兵戦に至りては此の如き単純なる人為的審判を以て勝敗を定め得べきにあらず。固より古来の兵戦に於て所謂勝敗の差隔顕著にして対抗軍一方の損害過少なるに反し、他方に多大の損害を蒙り又立つ能はざる等の場合には其勝敗の数明確なるも、要地を争ふ戦闘等に於て対抗軍双方の損害相匹儔《ひっちゅう》する場合等には何れを輸とし何れを贏とすべきか判決を下し難きこと多く、古今の戦例に於ても対抗軍の双方共に自軍の戦勝を主張せるもの少しとせず。欧米の諸兵家は此の戦闘の勝敗に関し種々の界説を下し、或は「戦闘終るの後対抗軍の損害を比較し其少なるものを勝とし大なるものを敗とす」と唱へ或は「敵を圧倒して戦場より退去せしめ自ら戦場の主となるものは勝者にして敵の兵整然として自由に戦場を退去するも亦其戦勝たるを失はず」と説き或は又「勝利に戦略的勝利と、戦術的勝利の別あり、前者は我作戦目的を達成するを謂ひ、後者は戦場に敵を圧倒して我優勢を示すを謂ふ」と註するが如き、諸説何れも一理なきにあらずと雖も未だ之を以て凡百兵戦の勝敗を判決するの通則となす能はざるが如し。戦史を見るに兵力上の損害は敵に比し多大なるも敵の拠地を占領し得たりとて戦に勝てりとするものあり。又戦場より退却するも敵に多大の損害を与へたりとして自ら勝てりとする実例は古今海陸共に其の幾多なるを知らず。今又仮想の一例を引かんに、茲に四隻より成る一艦隊ありて其の戦略上の目的は敵を一地に拘束するにありとし優勢なる十二隻の敵艦隊と交戦し健闘奮戦して敵の四艦を撃沈したる後遂に衆寡敵せず、我四艦も悉《ことごと》く大破して沈没したりとせよ。普通の戦史は大抵之を後者の勝利として後世に伝ふるを常とす、然れども此戦闘に於ける所謂利なるもの何れにありとせば、無論前者にありて、今若し更に前者の友軍たる十隻の艦隊此戦闘の終りに来り会し、已に損傷せる敵の残艦八隻を撃滅したりとせば戦勝の帰する処論を俟たずして明かなり。此の如きは実際兵戦に於ける勝敗の真相にして勝ちたりとて利あらざれば勝利とするに足らざるなり。斯く観察し来れば実際に於て複雑なる兵戦の勝敗を定むる準縄《じゆんじよう》とすべきものにあらずと雖も、兵学講究上強て界説を定め置かんには、前記したる一兵家の説に倣ひ之を戦略的勝利及戦術的勝利に区別し、左の如く界説するを便宜なりとす。

一、戦闘の戦略的勝利とは其戦略上の目的を達するを謂ふ。

二、戦闘の戦術的勝利とは其戦術上の目的を達するを謂ふ。

戦闘に戦略及戦術上の目的ありて此等の目的を達するに程度のあることは已に前節に述べたる如くにして其程度の判定又困難なるものなれば、此界説も未だ完全なるものとは言ひ難しと雖も、尚ほ前記の諸兵家の説に比すれば、比較的適切の判決を下すことを得べしと認む。例ば前記四隻の艦隊と十二隻の艦隊と戦ふたる戦例を此界説に依り判決すれば此四隻の艦隊は敵を拘束すべき戦略上の目的は達し得たるものにて、戦略的勝利は此四艦に在り。然れども十二隻の敵艦隊は優勢を以て遂に極度迄我れを圧屈して全滅に至らしめたるを以て、有利の戦勝にあらざるも戦術的勝利は此十二隻の敵艦隊にありと謂ふべきなり。然るに此四艦が遂に敵に屈せず、敵艦二隻を撃沈し未だ我三艦を全ふせるとき我友軍来り会し、全局の勝利を得たりとせば是れ或程度迄敵を屈し得たるものにて戦術的勝利も亦四艦に帰すべし。前記の界説未だ完全のものにあらざるも本来戦闘の勝敗なるものが戦況の如何に依り判決し難きものなれば強て之を明晰ならしめんとするは却て兵戦の真相に遠かりて空理に陥るの弊あるを免れず。故に吾々戦士の着眼すべきは勝敗の空名にあらずして其任務を遂行して可成的多大の戦果を収むるにあることを銘記せざる可からず、戦果なき戦勝は一つも勝者を利することなく、唯だ無益の殺傷に過ぎざるなり。以下更に戦果に就きて説明せんとす。

戦果の本質

戦果とは兵戦の後対抗軍の一方が其敵に対して獲得する有形の結果を謂ふものなり。而して兵戦の種別に準じて戦果の範囲にも大小ありて、戦争の戦果、戦役の戦果又は戦闘の戦果等に分別するを要す。本節に説明せんとするものは戦術に直接の関係ある戦闘の戦果なりとす。

〔有形的戦果〕

戦闘の戦果は概ね左記の諸項を含有す。

一、敵の避退に基ける戦域の拡張並に戦略地点及交通線の占奪
二、殺傷捕獲等に基ける敵軍兵力の減殺
三、破壊及鹵獲等に基ける敵軍兵器兵資の損失
四、打撃に基ける敵軍編制の崩乱
〔無形的戦果〕
五、我戦略上の目的の達成若くは敵の戦略的企図の打破に基ける戦略的戦勢の変化及戦略的戦機の発展
六、打撃に基ける敵軍軍紀の弛廃
七、屈敵に基ける敵軍士気の沮喪及我軍士気の振粛

以上列記せる戦果の諸項は其戦闘の攻勢なると守勢なると、又其本戦なると支戦なると、或は其戦況が決戦的なると対持戦的なると等に依り、其分量に大小ありと雖も、概して如何なる戦闘に於ても此等諸項の幾分を含有せざることなく、戦勝は此等戦果の分量の多大なるに従ひ其光輝を発揚し価値を大にす。若し戦果大ならざるときは仮令戦ひに勝つの名を得るとも、其実全局の作戦を利すること真に少く、唯だ敵と殺傷して相共に彼我の兵力を減少し、徒に人命を損じ物資を亡ひ、而して戦勢は依然として変ずることなく、其結果彼我共に戦傷に疲弊し又起て戦ふこと能はず、遂に第三者

の位地に立てる傍観敵国を利するに至る、特に此戦闘の激烈なるに従ひ益々然りとす。此の如き戦果の小量なる戦闘は初めより之を為さゞるを可とし、敢て之を作為せる指揮官の罪は寧ろ敗戦よりも大なることあり。茲に陸戦の一例を挙げんに、我戦国時代に当り武田、上杉の両軍が信州川中島にて殆んど戦果なき激戦を交ゆること数回に及び、其戦闘の光彩は両軍戦術の巧妙なると、戦闘の激烈なるとに依り今尚ほ我が戦国史を飾ると雖も、当時対抗両軍は、戦果として何等獲得せしもの無く前後数回の合戦に両軍の勇将猛卒戦歿したるもの頗る多く、為に信玄も謙信も其一生の雄図を天下に実行すること能はずして終に織田信長に中原の鹿を獲せしめたるが如き、当時両家対陣の事情已むを得ざらしめしものありしと雖も、抑々《そもそも》亦両軍常に拮抗伯仲せる兵力と兵術を以て戦果を得るの望なき戦闘を屢々《しばしば》したる因果たらざるはなし。其他古来海陸の戦例に於て唯だ勝戦として戦史に伝ふるのみにて、其戦果の挙らざるもの甚だ多し、深く戒めざる可からず。是故に戦士たるものは戦ふて敵に勝つことよりは先づ戦ふて幾何の戦果を収め得べきかに留意するを最要なりとす。固より戦果なるものは戦て後の結果なれば戦はざる前に其得らるべき分量を正確に予知する能はざるのみならず、時としては計画上の誤算又は実施上の齟齬等に依り却て得る処失ふ処を償はざることあり。或は又予期以外に多大の成果を収むることなきにあらずと雖も大抵当初の計画に於て幾何の犠牲を払へば幾何の戦果を収獲し得べしとの予算を以て其戦闘を開始せざるべからず、戦ふて後之を知るが如きは兵家の取らざる処にて孫子も「勝兵は先づ勝て而て後戦を求め、敗兵は先づ戦て而て後勝を求む」と戒め居れり。而て戦果は宛かも草木が春夏に生茂して花開き、其花散りて後秋冬に果実を結ぶが如く、戦闘に於ても大抵其前半期に戦果を収め難きものにて、多くは後半期の終りに多大の収獲あるものなり。此前半期は概して決戦の時期に属し、宛かも春花の爛熳たるが如く彼我相撃ちて戦闘の光景最も激烈を極むと雖も、此時期には未だ多量の戦果を見ざるも、勝敗漸く決し彼我戦に疲れ砲声次第に衰へ宛も花の散りたる後の如き後半期に至りて漸次に戦果の収獲を見るべし。若し此重要なる時機に勝者戦闘に倦みて戦果を収むるに努めず、戦闘を中止するか或は追撃を猶予する等のことあれば、全然無意味に戦ふものと謂ふべく、唯だ花の爛熳たるを見て目を喜ばしたるのみにて其美果を食はざると一般なり、決戦の時期已に経過すれば我も損傷して疲労大なりと雖も更に一層の勇を鼓して猛烈なる追撃戦に移り敵の兵力を減殺し兵資を打破し尚ほ進で要地を略する等時の情勢に応じて為し得る限り多大の戦果を収めざる可からざるものなり。

第四節　戦闘に於ける攻撃の正及虚実

攻撃の正奇

凡そ兵戦の大小を論せず、敵と戦ふに当り敵を攻撃するの方法に正法と奇法の二種あり。正法とは所謂正々堂々の姿勢を執り我が実力を以て敵の実力に加ふるものにして、之を有形的方術に例ふれば我正面を敵の正面に対し力争を以て敵を攻撃せんとするが如きは正法に属し、之に反して敵の側面に迂回し其弱点を横撃するが如きは奇法なり、又之を無形的心術に就て例ふれば白昼我が行動を隠蔽することなく、我兵力を敵に示し、我に対する戦備を整へしめ対等の情勢を以て交戦するが如きは正法にして、夜中敵の備へなきに乗じて不意に之を襲撃するが如きは奇法に属す。即ち正法とは我実を以て敵の実に対し正当に攻撃するの義にして奇法とは詭道を用ひ我実を以て敵の虚を攻撃するの意なり。近世の兵学上に於て方術的正奇の攻撃法を正撃及奇撃と謂ひ、心術的正奇の攻撃法を正攻及奇襲と謂ふ。而して之を応用するに当りては方術の正奇と心術の正奇との配合に依り正攻の正撃、正攻の奇撃、奇襲の正撃及奇襲の奇撃の四類に変化す。前記四種の攻撃法中最も効力多きを奇襲の奇撃とし戦士の常に取らんとする処なり。

上記せるが如く其心術と方術に論なく、正法は我が実力を以て敵の実力に対し攻撃するものなるを以て、我が兵力は敵よりも優勢ならざる可からず、換言すれば優者にあらざれば正法を以て攻撃する能はず。之に反し我が寡を以て敵の衆に対抗せんには固より実力の足らざるものあるが故に奇法を以て攻撃せざる可からず、即ち劣者は奇法に依るにあらざれば勝利を獲ること難し。是れ兵力の優劣より生ずる自然の理勢にして優者は主として正法を執らんとし劣者は常に奇法に依らんとする所以なり。然れどども優者も亦必ず常に正法を執るべきものにあらず。是れ正法のみを以て攻撃するときは其戦闘は単に力争のみとなり、仮令戦に勝つも彼我相殺傷して多大の兵力を損失し、我が損失せる犠牲の大なるに比し得る処の戦果は比較的僅少なるを以てなり。故に優者も亦奇法を併用せざる可からず、況んや彼我殆んど均勢の兵力を以て相戦ふ場合に於てをや。

本来兵術は詭道にして奇法を用ふるは戦術の依て成立する所以なり、例ば艦隊戦闘に於て心術方術共に正法を執り、対抗両軍一様に相近接並航し各正撃法を以て互に砲戦するときは、唯だ単に砲術の力争に止り彼我相殺傷するに過ぎずして、砲術に練達せるか砲力の大なるもの勝を制し、茲に寸毫も戦術の効用として見るべきものなし。

然るに対抗軍の一方が奇襲法を執り、敵の先頭若くは後尾に繞回し、其全線の砲火を敵の一端に集中し得るが如く操縦するに至りて、初めて戦術の効用を実現するものにして所謂丁字戦法の如きも亦此奇襲法の適用に外ならざるなり。是に由りて之を見れば戦術は奇法によりて成立するものと謂はざるべからず。然り戦術の本旨は方術心術共に奇法を執るにあり。正法は優者と雖も好んで執るべきものにあらず。然りと雖も奇法必ずしも終始執り得べきものにあらず、仮令我は奇法を以て敵の虚点、弱点を攻撃せんとするも敵常に正法を以て我に対せば遂に虚の乗ずべきなく弱点の生ずるなきを如何せん。抑々兵戦は相対的に成立するものなれば我れの奇法を執らんとすると等しく敵も亦奇法を好んで執るべく、奇と奇相対すれば正と正相対すると一般にて、已に其奇なる所以を失す。是に於てか戦術応用に関し正奇併用の原則を生ず。此原則は古兵家の格言たる「凡そ戦者以《ヲ》レ正合《ヒ》以《ヲ》レ奇勝《ツ》」是れなり、此言真に簡単なりと雖も其意味は頗る深長なり。蓋し「正を以て合ひ」とは敵が正奇何れの攻撃法を以て来るも我は常に正々実力を以て之れに対し敵に虚を示すべからずと云ふを意味し、又「奇を以て勝つ」とは戦機を見て敵の虚に乗じ弱点を衝き勝を制すべしと云ふを意味するものなり。又正法は人間万事の大本なるが故に先づ正位に我を置きて敵に乗ずる能はざらしめ、然る後奇法を敵に施して勝利を制すべきものなるが故に第一に「正を以て合ひ」と説き、第二に「奇を以て勝つ」と教へたるなるべし。而して先づ正法を以て敵に対せんには前段に述べたる如く優勢の兵力を以て敵に臨まざる可からざるが故に、先づ敵に対し我が優勢を保つことが正法を意味するに至るなり。即ち戦略の原則として敵に対し戦場に我が優勢を占むる如く我が諸隊を運用せしむるものは戦術上先づ正法を執り得るの実力を有するの必要あるを以てなり。固より我れ劣勢なりと雖も頻《しき》りに奇法を施して優勢の敵に勝つを得ざるにあらざるも、敵も亦戦術に熟達するときは到底奇法のみを用ふる能はざるなり。今之を最も単純なる相撲に例へんに相撲戦術の優者たる大関の資格には先づ第一に充分の体力を具備し、如何なる対手に対するも正法を執り得るの力量を有すると同時に奇法即ち相撲の手にも熟達せざる可らず、彼の所謂手取り力士即ち奇法のみを以て立つ力士は仮令一時全勝を占め大関たるを得るも永く其位置を保つこと難し。是れ正を以て合ふこと能はざるを以てなり。又唯だ体力のみ発達して、術なき力士は屢々敵に奇を以て破らるゝのみならず、力量のみある敵に対しても我が力の余裕少く奇を以て勝つこと能はず。故に両者共に到底大関たること難し。凡百戦の原則も亦此理外に出づることなく、基本戦術に於ける彼の所謂乙字戦法の如きも方術上に於ける正奇併用の戦法にして、其の一隊が正位に立ちて敵と正当に対戦せるとき他の一隊が奇位に出で、敵翼を横撃するを要旨とせるものなり、而して此戦法も敵に対し先づ優勢を占め正法を執り得る兵力を有せざれば実施すること頗る難し。

之を要するに戦術応用の要訣は己れの欲せざる処人に施す可しと云ふにありて敵には常に正位を以て対し奇法を用ふること能はざらしめ、我は敵に奇法を施して之を破るに努め終始敵の欲せざる処に出でざる可からず、然れども敵も亦此要訣に従ひ我に対抗するときは双方互に乗ずべきの虚無く、終に勝敗を決する能はざるに至る。故に常に能く戦勢の変化を観察し戦機を先見して臨機応変或は正攻を執り、或は奇襲を試み或は正撃に出て、或は又奇撃を施し、正奇の応用を千変万化するの外なし。例ば基本戦術の乙字戦法を以て敵と戦ふに当り一隊が正位に立てるとき、彼我の運動に依り戦勢変化して奇位に転ずることあり、又奇位を占めて敵の一翼を猛撃しつゝある一隊が敵の正面変換に由り俄《にはか》に敵と正当に対位せざるべからざるに至ることあり、或は未だ戦線に入らざる部隊が俄に敵に接近することあり、此の如き戦勢の変化に対し予め一々之れに応ずるの戦法を策定し得らるゝものにあらざれば、此等各部隊の指揮官は常に能く応用の真理を会得し、機に臨み変に応じて正奇両攻撃法を適用せざる可からず。

攻撃の虚実

以上は攻撃の正奇両法と其応用に関する原則を説明したるものなり、然るに爰《ここ》に又正奇以外に於て攻撃の応用を複雑ならしむるものあり、攻撃の虚実即ち虚撃実撃是なり。虚撃とは陽《あら》はに攻撃するも実際は攻撃の目的を達せんとするにあらざるものを謂ひ、又実撃とは攻撃の目的を達せんとするものを謂ふ、単純に之を言へば前者は虚偽の攻撃にして後者は真実の攻撃なり、此攻撃の虚実は一見攻撃の正奇に類似するが如くなるも然らず、正奇は敵にある虚実に対し我攻撃を加ふるに就て云ふものなれども、虚撃実撃の虚実は我れにありて敵の虚実に関せざるものなり。故に実撃にも正法を以てするものと奇法を以てするものあり、又虚撃にも正法と奇法の別あり。例ば正面より正々堂々攻撃すると見せて敵を牽制するが如きは正法の虚撃にして又夜中不時に空砲を放ち探海灯を点し奇襲を装ふが如きは奇法の虚撃なり。故に敵の攻撃を受くるときは先づ其虚実を判断し、次に正奇何れを以て攻撃し来るやを観察し、然る後之れに対する適当の処断をなさゞる可からず。此実撃虚撃両方を巧妙に応用するときは敵は我が実撃点の何れにあるかを判断する能はずして其防禦すべき処を知らず、是に於て敵に乗ずべきの虚あるを発見せば機を失せず、正奇両法を適用して実撃を加へ以て敵を撃破す、孫子曰く「兵は詭道なり故に能くして而て之に能はざるを示し、近きて而て之に遠きを示し、遠かりて而て之れに近きを示し利して而して之を誘ひ、乱れて而て之を取り其備無きを攻め其不意に出づ」と。此格言は戦略上にも適合すれども亦戦術上に於て前記虚実正奇の諸攻撃法を戦陣に適用するの要訣を形容教示せるものなり。而て実撃虚撃も正奇両法の如く其応用の変化窮《きはま》りなきものにて虚撃を為せる一隊戦機に乗じて急に実撃に転ずることあり、或は又実撃せる一隊戦勢の不利を察して中途より虚撃に変ずるが如く、之を応用するの方法に至りては固より一定の原則あるものにあらず、唯だ戦勢と戦機の転変に応じて臨時応変するのみ。正奇両法応用の変化窮りなきこと前段に述べたる如くなるに、尚ほ其以上に実撃虚撃応用の変化窮りなきを知らば、戦術応用が千変万化すべきは言を俟たざることにて唯だ適当の法を適当の地に於て適当の時に適用するもの勝利を制すと云ふの外なし。而て此適用を誤らざらんとするには我が力量を知ると同時に敵の力量を知り我が為すべき処を了知すると同時に敵のなさんとする処を察知し、能く戦勢を観察し戦機を先見するの智能を具備するにあらざれば能はざるなり。是れ豈《あに》に独り兵戦のみならんや、凡百の人事皆然らざるは無し。然れども兵術は元と詭道なるを以て彼の正奇虚実の用法等は決して平和の人事に応用すべきものにあらず、唯だ戦時乱世に処し暴を挫き悪を懲すの手段として適用すべきのみ、兵術を講究して其理性円熟の域に達せざる者は知らず識らずの裡に其平時の言動に術理を濫用し、往々世を乱し治を破るに至る。蓋し兵術も其深奥に至れば正法の大本なるを悟得するが如く人道に於ても公明正大は其大本にして所謂策士なるもの常に成功すべきものにあらず。

海軍戦務

緒言

戦務とは兵術を実施するに当り、軍隊を指揮統率し、或は之れが行動生存を経理する等の業務にして、戦略戦術等の如く直接に敵と戦ふ技術にあらずと雖も、此要務の媒介に依らざれば如何なる巧妙の兵術も実施する能はざること、尚ほ如何なる卓絶の意見を有する達士も弁舌若くは文章の媒助無くして之を人に伝へて世を稗益する能はざると一般なり。故に戦務は兵術に属せざる普通の庶務に過ぎざるも、兵術と密接の関係を有するのみならず、其大なるものに至りては殆んど兵術に近邇して相区別する能はざるものあり。

泰西諸軍国にては戦務を Logistics と称し、Strategy 及び Tactics と並立し兵術の一科として講究せるもの多し。蓋《けだ》し Logistics なる兵語の淵源は往時軍隊を宿営〔Loge〕せしむるの戦務に此語を用ひたるに起因し、爾来戦務の範囲漸次に拡張して諸種の業務を包含するに至りしも、尚ほ今日此語を襲用せるものにして、我陸軍にては之を帥兵術と訳称す。海軍にては実際此業務の存在せるに拘らず、之れに与へたる特別の名称なく、且つ其研究も陸軍に於けるが如く信切ならざるの観あり。是れ本校に於て特に海軍戦務の一科を創設されたる所以なり。

作戦上戦務の欠く可らざるは言ふを俟《ま》たずと雖《いへど》も、今之を例証せんに、茲に艦隊指揮官あり、已に対敵の胸算を立て作戦計画を策定すと雖も、之を命令となして迅速確実に其部下に伝達し得るにあらざれば所要の時機に此計画を実施せしむること能はず。又已に作戦命令を部下に伝達し了《をへ》り、或る時機に或る地点に於て、敵と会戦するの目的を以て其麾下艦隊を率ひ出動せんとするも、其出発時刻迄に炭水補給等の了らざる艦あれば、遂に出発を延期し、空しく会敵の好機を逸することあるべし。即ち此命令の伝達若くは炭水補給等の如き、皆之れ戦務の担任するものなれば、兵術の実施が戦務に負ふ処少からざるを知るに足るなり。換言すれば戦務の助力無くして兵術は実施せらるゝものにあらず。故に或る場合に於ては戦務却て主となりて戦略戦術を支配し、戦務上の要求より作戦計画を変更せざる可らざることあり。例《たとへ》ば戦略は某日某時に根拠地を出発して何節《ノット》の速力を以て航行するを艦隊に要求するも、載炭の数量之れに応ずる能はざるが為に、出発時刻を延期し航行速力を減少するが如き是れなり。斯の如きは戦務の発達せざる軍隊に往々見る処にして最も忌むべき現象なりとす。前記する処は単に戦務一部の整否が兵術実施に影響する一例を挙げたるに過ぎざるものにて、其他諸種の戦務に就きて考察するときは、其作戦の成敗を左右するに至大の与力あること言ふを俟たざるなり。

更に小陸戦の古例に依り之を引証せんに、賤ケ嶽の役に先《さきだ》ち、秀吉大軍を率ひ、岐阜の織田信孝を攻んとして大垣にあり。時に佐久間盛政精兵一万を率ひ柳瀬より来りて賤ケ嶽に於ける中川清秀の要塞《ようさい》を撃破し、未だ其軍を退けざるの急報に接し、方《まさ》に昼食を喫しつゝありしを止め、直に作戦の正面を転換して軽兵一万五千を率ひ賤ケ嶽に向へり。而て先づ吏卒数十人を発し沿道の民家に徴発して戸々若干の酒食湯桶等を準備し、夜は熾に炬火を焚き、山路の嚮導たらしめたり。故に大軍俄《にはか》に移動するも毫《がう》も飢渇を感ぜず、又道に迷ふこと無く、翌払暁前已《すで》に賤ケ嶽に達し、敵軍に触接して直に激烈なる攻撃を開始し、一挙に盛政を破りて之を擒にし、更に勝に乗じて越前に侵入し、遂に其勁敵柴田勝家をも撃滅せり。戦記は此戦勝を伝ふるに、主として賤ケ嶽に於ける七槍三刀等の武功を称揚すれども、抑々《そもそも》此成効の主因は秀吉が優勢なる大軍の作戦正面を変じて半日に長程の急行軍をなさしめ得たる戦務上の用意周到なりしに帰せざる可らず。

海軍に於ても戦務の必要なるは陸軍に譲らず。此業務の整備なくして適当の時機に適当の地点に大艦隊を動かさんと欲するも得可からざるなり。而て戦務なるものは指揮官よりは寧ろ之を補佐する参謀将校が直接担任せるもの多きを以て、将来其任に当らんとするものは先づ此業務に習熟せざる可らず。

明治三十六年四月

第一章　令　達

第一節　令達の種別

○令達は各級指揮官が其職責に基ける意志を遂行遵守せしむるため、其部下に示令するものなり。而して部下全隊に普《あまね》く示令するものを一般令達と謂ひ、又部下の一部に個別に示令するものを特別令達と謂ふ。

一指揮官が其任務を遂行せんとする等の場合に当り、一般令達は各部隊をして悉《ことごと》く其友隊の為すべき処を了解せしめ、一令の下に全軍の意志を疏通し、共同の一目的に対し協力動作せしむるの便利あるが故に、作戦命令等には主として此法を用ゆ。又特別令達も特に一部隊のみを使役する等の場合に於て却て繁を省き要を充たすの便益あるが故に、一般令達と共に之を併用するの必要あり。

○近世戦務の発達に伴ひ軍隊に用ふる令達法は其取扱上の便利のため主として左の六

種に区別せらるゝに至れり。

㈠命令、㈡訓令、㈢日令、㈣法令、㈤訓示、㈥告示

一、命令は受令者が発令者に対し絶対的に服従遂行するの責任あるものにして、作戦其他重大なる役務等に関する令達は大抵命令を以てす、而て其必要に応じて一般令達若くは特別令達として之を発す。

命令は前記の如く受令者に対し強制的なるが故に、発令者は先づ慎重の考慮を尽くし、果して実行し得らるべきや否やを判定したる後にあらざれば濫《みだ》に発すべからず。

二、訓令は固より命令の性質を有すと雖も、主として受令者に達成すべき目的若くは為すべき任務の綱領のみを指示し、之を遂行するの方法手段等に就ては受令者を制肘せず、其意図に一任せるものなり。故に将来に於ける情勢の変化知る可らざる場合、或は遠隔の地点に分離せる部下に令達する場合等には大抵訓令を用ふ。又近時は比較的重要の度少き作業等を命令するに方《あた》り、往々訓令の名を以てすることあり。

訓令も亦命令の如く必要に応じて一般令達若くは特別令達として発令せらる。

三、日令も亦命令の如く強制的性質ありと雖も、日常の隊内経理若くは細末の事業

等の如き重要の程度低少なるものに就きて之を使用す。是れ日令〔Daily Order〕の名称ある所以《ゆゑん》なり。

日令は単に一般令達のみとして発令せらるゝを例とす。

四、法令は其名称の如く受令者に於て永久に服従遵守すべき律令なり。即ち命令訓令等の如く臨時的のものにあらずして、廃棄若くは改定せられざる限り、永久に其効力を有するものなり。故に隊内の例則、規定、編制、若は通信法等の如きものは法令に依り発令せざる可らず。而て全隊に普及せしむるの要あるを以て常に一般令達として発令するものなり。

五、訓示は指揮官が其部下を戒飾奨励、慰諭する等のため発する令達にして、固より命令の性質を有するものにあらずと雖も、尚ほ受令者に於て之を服膺するの責任あるものとす。而て其主旨受令者を強制せずして其精神上に作用するが故に、場合に依り命令を以て令達するよりも却て其効力の大なることあり。

訓示も亦必要に応じて一般令達若くは特別令達として発令せらる。

六、告示は指揮官が其隊内隊外の事件若くは情報等に就き其部下に了知せしむるの必要あるとき之を下示するものにて、是れ亦命令の性質を有せずと雖も、告示されたる事項は受令者にて之を知悉するの責あるものなり。「例ば某水道には防材を設置し、某所には航路浮標を置けり」と告示されたるときは、受令者は其航路上の保安に就き、自ら責に任ずるが如し。又戦時に於ては告示を以て隊外の戦報等を下示し戦陣の労苦を慰し士気の弛倦を予防する等に利用せらるゝことあり。

第二節　令達の要義

○令達は軍隊に於ける指揮官と其部下とを連繋して計画と実施とを結合し、以て其隊の任務を遂行し目的を達成せしむべき唯一の神経なり。発令と其実行は恰かも人身に於ける頭脳と手足の関係の如く常に相感応調和するを要す。頭脳若し過重の力行を命ずるときは四肢為に疲憊し、手足若し頭脳の指導を受けざるときは挙止凡《すべ》て節度を失す。故に人躰の神経系統は電気の如く一瞬に感応して両者の間に寸毫の齟齬を許さず。軍隊に於ける発令者と受令者間の神経は斯の如く鋭敏なる能はず。一たび発令せば之を変更すること容易ならざるのみならず、仮令《たとひ》変更し得るも適《たま》ま以て其実施を錯乱し益々悪果を呈するに至る、特に作戦命令等に於て然りとす。若し夫れ指揮官為し得可らざる令達を決行せしむるときは単に其企図を成就する能はざるに止らず、部下に対する其威信を損失し、率《したがっ》て軍紀を弛廃せしむるに至ることあり。此故に発令者は常に自ら受令者の位地に立てるものと仮想し、其果して為し得べきや否やを考察して令達を起草し、尚ほ充分の熟慮を尽したる後之を発令せざる可らず。乃《すなは》ち左に令達中最要なる作戦命令に就きて留意すべき要義を列挙す。

一、発令者の意図決心を明かにし、発令の理由を言はざるを要す。

（註）発令者の意志明瞭ならざるときは受令者は適従すべき処を知らず、為に其力行を鈍くし実施の効果を挙ぐること難し。又理由を附して発令すれば却て受令者の理会を複雑にし疑惑を生ぜしむるのみならず、命令の威厳を損ず。要するに命令は凡て厳明ならざる可らず。

二、受令者の任務を明示し、之を遂行するの手段に就き細末に亘らざるを要す。

（註）各受令者の任務の分限明劃ならざるときは全軍の協同動作を妨害し、友隊相衝突する等の原因となるべし。然れども其任務を遂行するの手段に干渉すること深ければ受令者の独立心を抑圧し、唯《た》だ上命のみに拘泥し其機動の活力を亡失せしむるに至る。戦闘部隊に対し「後命を待つべし」と令する如きは可成的之を避けざる可らず。

三、作戦目的を達するに必要なる参考資料を下示するを要す。

（註）作戦の参考たるべき敵情並に友軍の情況等を下示するは受令者をして戦勢

を了得せしめ、戦機に応じて協同動作せしむるの利あり。但し詳細に亘りて了解するに難きか、或は矛盾せる二種の情報を示して其判断を促がすが如きは最も不可なり。

四、未然を予想し、多く未来を予定せざるを要す。

(註) 作戦の事或程度迄は未来を予定せざる可らず、然れども未然を予想するときは受令者に先入の思想を固着し、往々戦勢の観察を過らしむることあるのみならず、其然らざりし場合に於ては発令者の威信を損ず。凡て兵戦は意想外に変移するものなるが故に、機に臨み変に応ずるの余裕を保蓄し置くを要す。

五、退却若くは敗軍に処する事項を予示せざるを要す。

(註) 作戦は常に必勝を期して之を決行せざる可らず、初より敗退に応ぜんとするときは受令者の決心を薄弱ならしめ、為に却て敗退するに至ることあり。且つ夫れ激戦に於て彼我の衝力相拮抗する場合等には戦況利あるも尚ほ自ら之を不利なりと誤想し、予定に基き機に先ちて退却する等の虞《おそれ》あるなり。凡て作戦命令は敵に対し積極主働的なるを可とし、消極受働的なるを不可とす。

六、発令の時機適当なるを要す。

(註) 発令は之れが実施に移るに先ち、其伝達に要する時間と、受令者が之を了

解して必要の準備をなすべき時間の余裕ある如く発送するを要す。然れども亦決して早きに失する可らず、敵情は常に変化するものなるが故に、命令已に成るも尚ほ最終の時機迄之を発せざるを可とす。加之《しかのみならず》発令後時日を経過するときは往々敵に漏洩するの虞あるなり。

七、発令の機密を保護するを要す。

（註）凡て令達は其作戦命令なると否とを問はず、可成的其機密を保護せざる可らず。交通の発達せる現時に於ては我が軍機の敵に漏洩すること頗《すこぶ》る迅速なり。令達にして下士卒に伝達するものは已に外部に漏洩せるものと覚悟せざる可らず。故に各種の令達は其重要の程度に準じて之を極秘、外秘、普通の三種に区別し、就中《なかんづく》極秘及外秘のものは其通覧を将校以上の責任者のみに限るを要す、又極密命令を時機に先ちて発するときは之を封密とし、適当の時機に至りて開披せしむるを可とす。

前記の諸要義は特に作戦命令に就き一般の通則を示すに過ぎざるものにて、之を実際に応用するに当りては受令者の識量、材幹、気力等に準じ多少の斟酌なからざる可らず。然れども平時の演習等には為し得る限り此通則の如く発令し、以て受令者を訓練するを可とす。凡そ軍事の何たるを問はず、平時に於ては正格の法規を励行し、軍隊をして之れに慣習せしむるを可とすれども、戦時に当りては適宜の変法を施し以て作戦を利せざる可らず。是れ平時は教育を目的とし、戦時は作戦を目的とするを以てなり。

第三節　令達の文法

○令達は其種類の何たるを問はず、明瞭確切にして受令者の了解を容易ならしめざる可らず。受令者が往々令達を誤解することあるは其責め多くは発令者にあり。故に令達の文章辞句は単調にして簡短なるを要し、奇異婉曲の章句等を用ゆ可らず、又必要なき形容詞、副詞等は勉めて之を省くを可とす。是れ単に受令者をして了解し易からしむるのみならず、令達通信の時間を節減するに於て少からざる利益あるを以てなり。而て之を起草したる後充分に復読して受令者が如何に了解するやを考察し、更に必要の訂正を施し、而後之を発令すべし。此主旨に基き左に令達文法に関する通則を列記す。

一、令達中に記載する月日は常に数字を冠するを要す、例ば明十一日昨九日と記するが如し。又時刻には必ず午前若くは午後の別を冠記し、且つ正午の語と共に正子の語を用ひざるを可とす、是れ正子の字は一見正午と誤読せらるゝのみならず、正子は常用日の分界たるが故に往々一日を誤算するの虞あるを以てなり。又夜は日没より払暁迄を意味し、某日の夜と記載せるときは翌日の払暁に亘るものとす。又外国に作動せるとき、標準時の制定なき場合には臨時其地方に於ける標準時を定むること必要なり。凡《およ》そ時辰の斉一は作戦の基礎なるを以て常に之れが整合を忽《ゆるがせ》にすべからず。

二、地名を記するには海図若くは地図に記載しあるものを用ひ、若し記載なきときは名称ある某地の某方位、某距離の無名湾等と記するものとす。又海上に於ては経緯度若くは地点番号を以て指示するか或は名称ある某地の某方位、某距離の地点と記せざるべからず。

三、右、左、前、後等の語は敵に対する我正面を基準として呼称するものとす。而て敵軍に就きて謂ふときは特に敵のの二字を冠すべし、例ば敵の右翼列先頭と記するが如し。

四、兵力を記するには可成的部隊の隊号を以て之を呼称し、若し其部隊の兵力に加欠あるときは其隊号の下に括弧を附し（某艦欠く）若くは（某艦を加ふ）と記すべし。

五、令達特に命令、訓令及日令等を書するには事項の異なる毎に項を分つて列記し、各項には其順序に従ひ番号を冠すべし、又一項の記事中較《や》や異なりたる数件を含むときは毎件字行を新にするを分明なりとす。

六、地形、構造、配備、航路、泊地等に関することは平面略図を以て図示するを明瞭なりとす。而て其略図の縮尺は可成的常用の海図と同一にし（海図第何号と同尺）と附記するを要す、若し然らざるときは特に用ひたる縮尺を図示せざる可らず。

七、多数の兵力、兵具、材料等の如き凡て員数に関する事項は令達の本文中に記入せずして別表となし、本文に附添するを可とす。是れ簡明の主旨に適合するのみならず、受令者が其別表のみを使用し得るの利あればなり。其他複雑なる行動、作業等を予令する場合にも予定表として指示するを簡明なりとす。

八、各種一般令達の表題には其隊号を冠記し、其受令者の範囲を表示するを要す。例ば「第一艦隊命令」、「第二艦隊日令」、「第三戦隊訓令」或は「第一艦隊告示」等と記するが如し。又特別令達には其受令者の名称を冠記し受令者を指名せざる可らず。例ば「某三笠艦長に命令」、或は「第三駆逐隊司令に訓令」と記するが如し。又此表題の下には発令時及発令地を附記するものとす。

以上は単に令達文書を起草するに当り遵守すべき通則にして、尚ほ之れ以外に習練を要するもの多し。乃ち左に各種令達の書例を掲げ参照に供す。

（作戦命令書例）

乙隊機密第六七号

第二艦隊命令

五月十二日午前八時
於尾崎湾旗艦磐手

（敵情）
一、最近情報ニ拠レバ「旅順」ニアル敵ノ主力ハ依然動カズ、又浦潮ニ在リシ敵ノ支隊ハ昨十一日午後二時頃舞水端望楼ノ東方約二十五浬《カイリ》ニ出現シ南航シツヽアリシコト確実ナリ、其兵力附表ノ如シ

（作戦ニ関係アル友軍ノ情況）
二、竹敷第十六、第十七、第十八艇隊ハ本日午後四時ヨリ韓崎ト絶影島ノ線上ニ於テ西水道ヲ巡邏シ、又佐世保第九、第十艇隊ハ本日午後五時ヨリ郷ノ浦ト呼子ノ線上ニ於テ壱岐水道ヲ巡邏シ敵ヲ待ツ

（作戦目的）
三、第二艦隊ハ主トシテ東水道ヲ監視シ、敵ノ支隊ヲ海峡ニ迎撃セントス

（作戦計画大要）
四、索敵ノタメ捜索部署ヲ定ムルコト附図第一号ノ如シ

（各部隊若ハ各艦ノ任務）
五、笠置及千歳ハ直ニ単独出発本日午前十一時迄ニ笠置ハ(PS)千歳ハ(PZ)地点ニ至リ、正午ヨリ日没迄各西方ニ向ヒ捜索弧法ヲ以テ敵ヲ捜索ス

ベシ

此捜索運動中敵ヲ発見セバ海峡ニ近ヅク迄之レト触接ヲ保持シ時々電報スベシ、又日没迄敵ヲ発見セザレバ十三日午前八時迄ニ(T)地点ニ会合スベシ

（注意）敵ノ航行速力十二節ト認ム

六、第四戦隊（千早ヲ加フ）ハ本日午前九時出発捜索図ニ指示セル要領ニ準ジ午后四時迄ニ第一哨線ニ達シ日没迄静止捜索列ヲ張リテ哨戒シ、日没ヨリ第二哨線ニ反航シ明十三日日出第二哨線上ニ到達シテ静止哨戒スベシ

此行動中敵ヲ発見シタル哨艦ハ直ニ之ヲ警報シ爾後敵ト触接ヲ保持シ、爾余ノ各哨艦ハ警報ヲ知ルト同時ニ(S)地点ニ急速集合スベシ

七、第二戦隊及第三戦隊（笠置千歳ヲ欠ク）ハ本日正午出発(T)地点ニ至リテ停止ス

八、第四、第五、第六駆逐隊ハ本日午後二時出発捜索図ニ指示セル要領ニ準ジテ午後六時ヨリ明十三日日出迄東水道ヲ巡邏シ、明朝竹敷ニ帰航スベシ

九、特務艦船ハ尾崎湾ニ止リテ後命ヲ待ツベシ

（通信連絡）十、第二戦隊(T)地点ヨリ動ケバ龍田ヲ残留シ通信ノ連絡ヲ保持セシム又第三戦隊ヨリ一艦ヲTN地点ニ配置シ、北方哨艦トノ通信中継タラシムベシ

（戦策）十一、主隊敵ト触接セバ別紙戦策ニ準ジテ戦フ

（会合点）十二、天候其他ノ異変ニ応ズル会合点ヲ左ノ如ク定ム

第二及第三戦隊 (T)地点
第 四 戦 隊 (S)地点
各 駆 逐 隊 三浦湾

（旗艦ノ所在）十三、本職ノ旗艦ハ当要港部ト渉議ヲ了リタル後出発午后六時迄ニ(T)地点ニ至ル

第二艦隊司令長官 姓 名

（附記）本令ニ附属スル附表、附図及戦策等ハ之ヲ省略ス

（作業命令書例）

第七戦隊命令　六月十日正午於羅津浦旗艦扶桑

七戦第二五号

一、第七戦隊ハ当港ヲ防備スルノ任務ヲ有ス

二、当港ノ防備計画附図ノ如シ

三、第一小隊ハ図示ノ要領ニ準ジ明十一日日没迄ニ馬島ト「ロヂヲノツフ」角ノ防材閉塞作業ヲ完成スベシ

四、第二小隊ハ明十一日正午迄ニ擬水雷百個ヲ仮製シ図示ノ要領ニ準ジ明後十二日午後二時迄ニ之ヲ馬島ノ西端ヨリ正西ニ向ヒ距岸三鏈ノ間ニ敷設スベシ

五、第一小隊ノ鳥海、摩耶、赤城ハ防材作業ヲ了レバ馬島ノ北方ニ於テ図示ノ位地ニ碇泊シ、爾後防材ノ修理ヲ担任シ且ツ当該方面ノ防備ニ任ズベシ

六、第二小隊ノ高雄、筑紫ハ本日午後五時ヨリ「スブシイ」島ノ南北ニ

於テ図示ノ位地ニ移錨シ、毎夜日没ヨリ翌午前四時三十分迄図示ノ方位ニ向ヒ探海灯ノ固定照射ヲナスベシ

七、第三小隊ハ明十一日午後四時迄ニ馬島ノ西南岸擬水雷線ノ末端ニ近ク適宜ノ地点ヲ撰ミテ野砲堡塁ヲ急造シ、各艦ヨリ野砲一門（可成機砲ヲ用フベシ）宛ヲ陸揚装備シ、爾後之レニ配員シ其給与ヲ担任スベシ

八、担任作業ヲ完整セバ直ニ信号又ハ電信ニテ報告スベシ

第三艦隊司令長官　　姓　名

附図

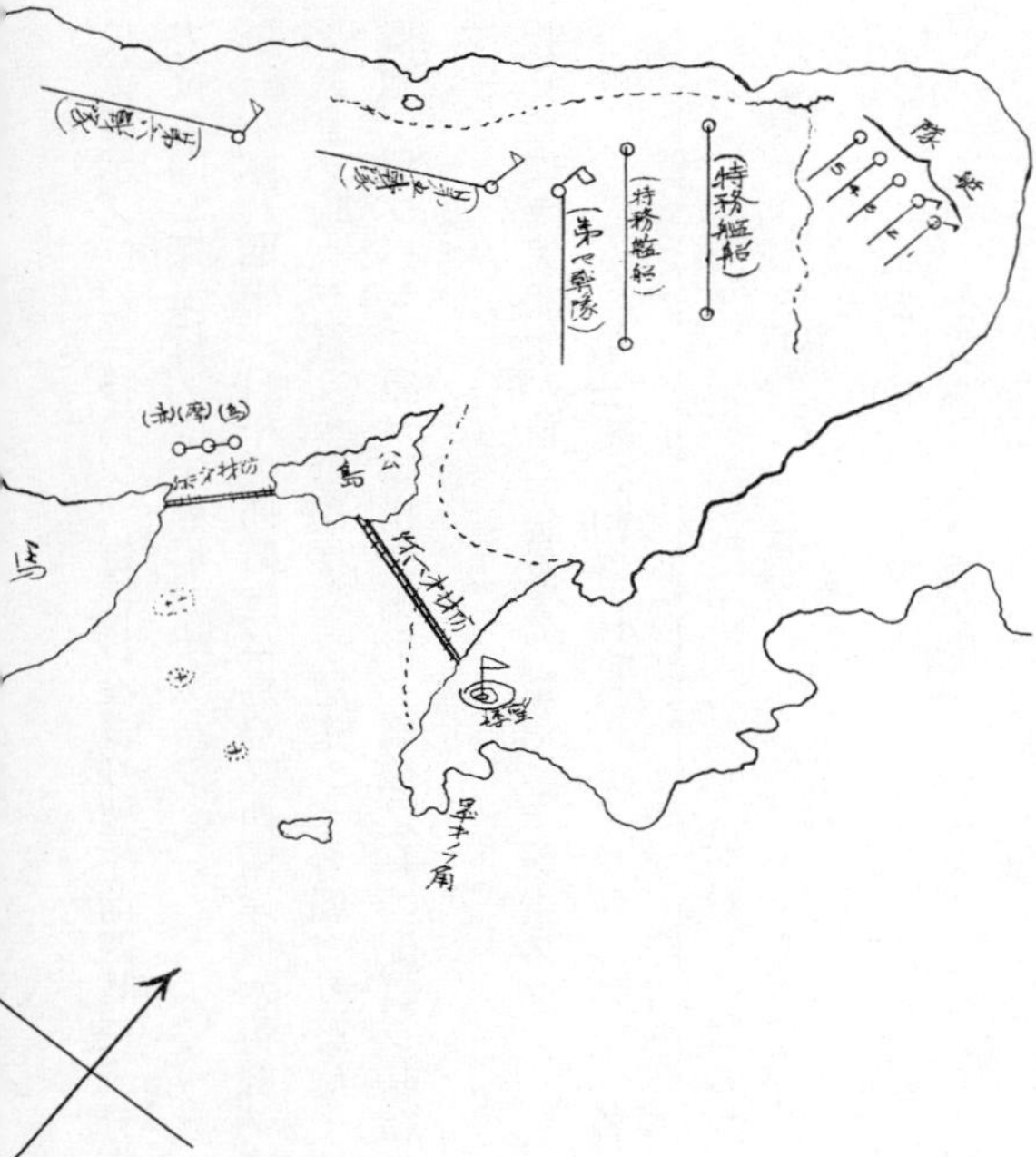

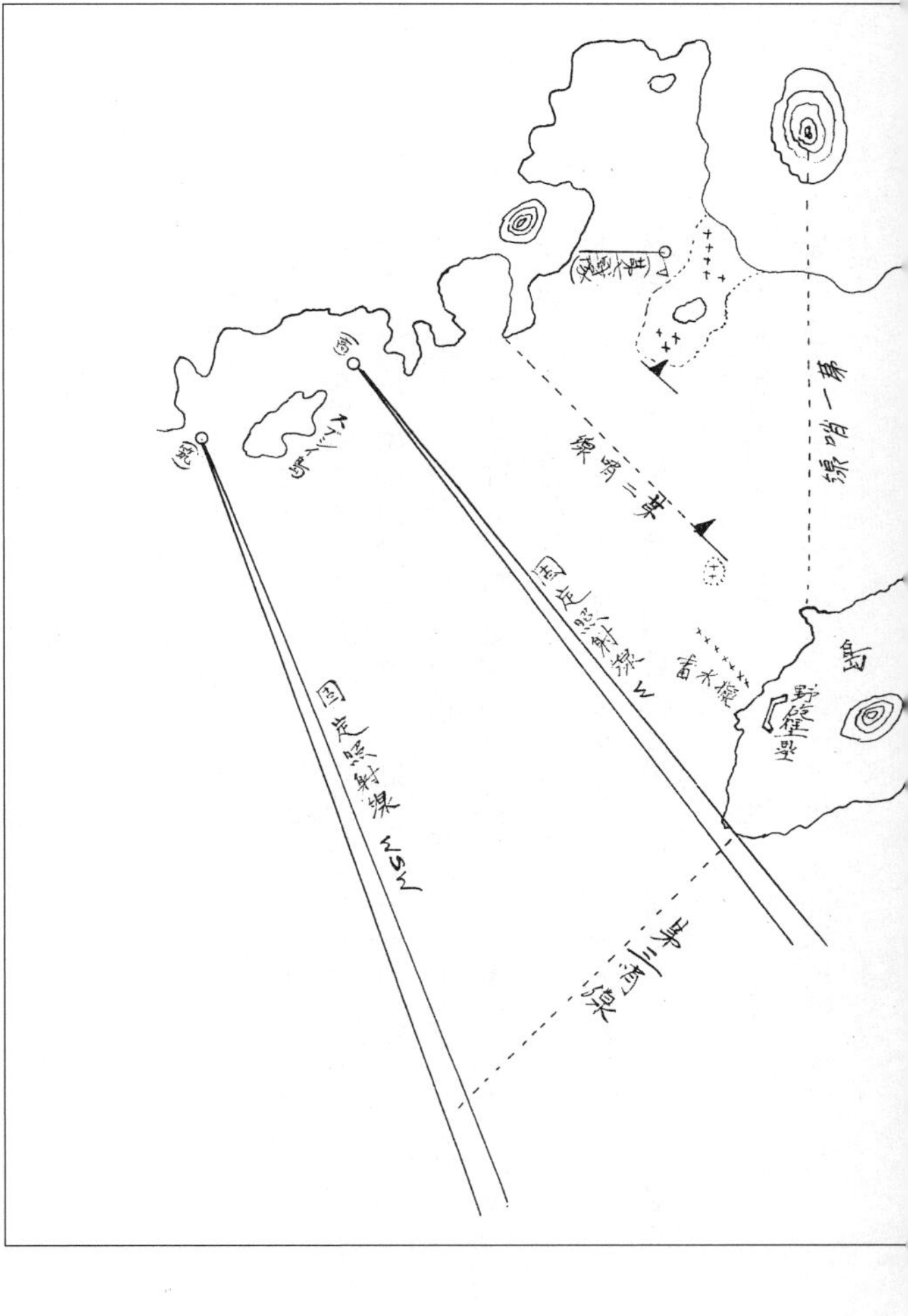
固定照射線 W
固定照射線 WSW

（訓示の書例）

甲隊機密第四七五号

出征ニ就キ麾下将校ニ訓示

今ヤ我艦隊ハ上命ニ基キ、当港ヲ発シテ戦境ニ赴カントスルニ際シ、茲ニ将来ノ作戦ニ就キ本職ガ麾下将校一同ニ期待スル処ヲ訓示セントス、抑モ這回ノ戦争ハ帝国興廃ノ由テ繋カル処、而カモ全局ノ勝敗ハ一ツニ海上作戦ノ結果ヲ以テ定ルガ故ニ、我艦隊ノ責任ハ邦家ノ隆替ヲ荷フテ重且ツ大ナリト謂フ可シ、此行素ヨリ敵ヲ索メテ之ヲ殲滅スルニ在レバ上下死力ヲ竭シテ此目的ヲ達セザル可ラズト同時ニ若シ之ヲ遂ゲザランニハ再ビ此郷土ヲ踏マザルノ覚悟アルヲ要ス、若シ夫レ作戦ノ業務ニ関シテハ始終左ノ諸項ヲ服膺シテ、対敵ノ後寸毫ノ遺憾ナカランコトヲ望ム

一、作戦ノ万事警戒ヲ第一トス、事アルニ臨ミ意外ノ不覚ヲ取ルハ我ガ警戒足ラズシテ敵ノ為ニ乗セラル、ノ虚アルニ原因スルモノ多シ、

「油断大敵」ナリ寤寐ニモ怠慢アル可ラズ

二、対敵ノ行為ハ断行敢為ヲ可トシ、狐疑猶予ヲ不可トス、夫レ戦況ハ千変万化シテ、予メ之レニ対シ策定ヲ指示スル能ハズ、斯ノ如キ時ニ当リ当該指揮官ハ各其見ル処ニ従ヒ為スベキ処ヲ独断スベシ、仮令之レガ為ニ効果ノ見ルベキモノナキモ、尚ホ為スハ為サヾルニ優ルコト万々ナリ

三、戦闘準備ノ目的ハ我艦船構造上ノ弱点ヲ補除シテ某防禦力ヲ増大スルニ在リ、故ニ苟モ此目的ニ合フモノハ規定ノ有無ニ拘ラズ各其職責ニ準ジテ為シ得ル限リノ手段ヲ尽スヲ要ス、一事ノ粗漏遂ニ全艦ノ行動ヲ渋滞シ、一艦ノ異変率ヒテ全軍ノ覆滅ヲ招キタル実例頗ル多シ、凡テ事ノ何タルヲ問ハズ人力ノ及ブ限リヲ尽シ而テ後天命ニ委スルヲ可トス

四、已ニ敵ト対シタル後ハ又防禦ヲ言フノ要無ク、唯ダ攻撃ノ一方アルノミ、蓋シ積極ノ攻撃ハ最上ノ防禦ニシテ我攻撃ニ依テ敵ノ砲火ヲ撃圧スレバ取リモ直サズ我防禦力ヲ無限ニ増大シタルニ均シ、故ニ合戦ニ臨ミテハ勇往敢為一ツニ攻撃ニ全力ヲ専注スルヲ要ス、予ハ

敵ノ魚雷ヲ恐レテ避退ノ運動ヲ執ランヨリハ寧ロ我魚雷ヲ発射シテ敵ヲ轟沈シ得ルノ距離ニ近ヅカント欲スルモノナリ

五、下瀬弾ハ今回ノ作戦ニ予ガ主用セントスル最強ノ武器ナリ、而カモ其百発百中ヲ期セント欲セバ須ク先ヅ敵艦射距離ノ測定及通報ヲ確実迅速ナラシメ且ツ弾着ニ依リ射距離ヲ修正スルノ方法ヲ講セザル可ラズ、我艦船ノ多数未ダ之レニ対スル設備完全ナラザルヲ以テ主務将校タルモノ尚ホ充分ノ工夫ヲ擬ラシ置クヲ要ス

六、予ハ平素ノ練磨ニ依リ我下士卒現有ノ技能ニ信頼スト雖モ、戦場ノ経歴少ナキモノハ合戦ニ臨ンデ心気激昂シ、為ニ其術力ノ多分ヲ亡失スベキヲ予想ス、故ニ将校タルモノハ其沈着ナル態度ト勇敢ナル行為ニ依リ部下ノ士気ヲ制御シ、以テ彼等術力ノ減退ヲ補ハザル可ラズ、特ニ酣戦砲丸雨飛ノ際ニハ勝戦ニ於テモ尚ホ士気ノ沮喪ヲ免レザルヲ以テ此際ニ於ケル将校ノ挙止最モ留意ヲ要ス

七、古兵家曰ク凡ソ兵戦ノ場生ヲ幸スルモノハ敗レ、死ヲ必スルモノハ勝ツト、故ニ全軍ノ上下ハ唯ダ必死ヲ以テ必勝ヲ獲得セザル可ラズ、而カモ大胆ノ行為ハ最モ安全ノ方法ナルコトヲ銘記スベシ

年　月　日

甲艦隊司令長官　姓　名

（法令の書例）

甲隊法令第六一四号

自今麾下艦船ハ毎日午前十時計数信号ヲ以テ石炭現在額噸数及真水現在額噸数ヲ逐次ニ報告スベシ

年　月　日

甲艦隊司令長官　姓　名

乙隊法令第六一五号

常備艦隊軍艦日課週課中別紙ノ通リ改定シ渤海湾内航泊中当隊限リ之ヲ実施セシム

年　月　日

乙艦隊司令長官　姓　名

別紙ハ略ス

作業予定表の書例

自七月二十日
至八月十五日　第一戦隊作業予定表

所在	月日	初瀬	朝日	富士	三笠	記事
青森	七月廿日（日曜）	週課通リ				半舷上陸ヲ許ス
	同　廿一日	各艦一般操練				此間余時アレバ各艦適宜内筒砲射撃ヲ施行ス
	同　廿二日					
	同　廿三日	旗信一般操練				
	同　廿四日					
	同　廿五日	（午前）右同（午後）豊島海戦記念端舟競漕				
	同　廿六日	（午前）将校兵棋演習其他週課通リ				
	同　廿七日（日曜）	週課通リ				半舷上陸ヲ許ス
	同　廿八日	各艦一般操練若クハ内筒砲射撃				
陸奥湾内	同　廿九日	艦砲射撃	艦砲射撃	水雷発射	水雷発射	
	同　三十日	右同	右同	右同	右同	此間各艦青森錨地ニ帰泊スルト否トハ随意トス
	同　卅一日	水雷発射	水雷発射	艦砲射撃	内筒砲射撃	
	八月一日	右同	右同	右同	艦砲射撃	

青森	同　二　日	(午前) 将校艦載水雷艇ニテ艦隊対抗運動其他週課通リ	半舷上陸ヲ許ス
	同(日曜)三日	週課通リ	右同
大湊	同　四　日	小銃及野砲射撃並ニ艦載水雷艇水雷発射	四日早朝大湊ニ廻航ス砲銃射撃ハ射的地ノ都合ニ依リ繰更ヘルコトアルベシ
	同　五　日		
陸奥湾内	自同　六日 至同　八日	四季演習	演習終結後函館ニ廻航ス
函館	同　九　日	四季演習講評其他週課通リ	半舷上陸ヲ許ス
	同(日曜)十日	週課通リ	右同
室蘭	同　十一日	室蘭ニ廻航途上艦隊運動	
	同　十二日	石炭搭載 艦砲射撃 艦砲射撃 艦砲射撃	入湯上陸ヲ許ス
	同　十三日	艦砲射撃 石炭搭載 艦砲射撃 艦砲射撃	右同
	同　十四日	艦砲射撃 艦砲射撃 石炭搭載 石炭搭載	半舷上陸ヲ許ス
	同　十五日	航海準備其他適宜	右同

第二章　報告及通報

第一節　報告及通報の種別

○凡そ各級指揮官は其直属せる上級指揮官に対し其任務を遂行せる顚末、其他自己の率ふる部隊及之れに対する敵軍の情況等に就き具申すべき責任を有するのみならず、其任務上の干繫より隣接部隊等に相互の事情を通知すべきものとす。前者は之を報告と謂ひ、後者は之を通報と称別す。

○報告は其事項の種類に準《なら》ひ之を左の三種に区別す。

㈠任務報告　㈡事件報告　㈢情況報告

一、任務報告は作戦、戦闘、作業、偵察、視察、哨戒、捜索等の如き凡て命ぜられたる任務に関する臨時の報告にして、其任務の種類に準ひ戦闘報告、視察報告等と冠称す。而て其任務結了後直に之を進達すべきものとす。

二、事件報告は遭遇の事件又は不時の事変等に関する臨時の報告にして、其事件の種類に準ひ遭難報告、衝突報告等と冠称す。而て其事件の発生したる後直に進達すべきものとす。

三、情況報告は任務、事件等の有無如何を問はず、凡て現在の情況に関する定期又は臨時の報告にして其敵軍若くは外部の情況に関するものを外情報告と謂ひ、自隊若くは自艦に関するものを内情報告と謂ふ。而て是亦其観察実見せる事項の種類に準じ、敵情報告、艦船現状報告、衛生現状報告等と冠称し、必要に応じて定期又は臨時に進達すべきものとす。

前記各種の報告、特に任務及事件報告は発報の粗密及時期に準ひ、之を概報、詳報及時報に分類す。

概報は迅速を主旨とし概要を速報するものにして、時宜に依り口頭、信号若くは電信等を以て之を発送す。詳報は概報を進達したる後、尚ほ精査を遂げ詳細の顚末を具報するものにして、大抵文書を以て之を発送す。又時報は長時日に亘れる作戦、作業等に於て或る時期間の経過等を報告するものにして、其時期に準じ、之を日報、週報、月報等と称別す。

又情況報告の連続して数回に発送さるゝものは之を第何回報告と冠称するを例とす。

○通報は凡て報告に類似すと雖も、其主要なるものは情況に関するものなり。故に特に其種別を設けずして、単に某隊通報と総称す。又自隊の行動若くは事情等を隣接部隊に通知するには、之れに用ひたる令達及報告文書に（通報）と捺印し、其儘通報に代ゆることあり。

第二節　報告及通報の要義幷文法

○令達を以て上意を下達し軍隊の任務を遂行する命脈とすれば、報告及通報は下情を上達し且つ友隊の事情を疏通し、以て上級指揮官の計画施設を資《たす》け、全軍の意志を融合して協同の目的を達成しむる唯一の神経なりとす。良好なる作戦計画は大抵適切なる報告の参考に成り、有効なる協同動作は主として機宜の通報に促さるゝもの多し。

○報告及通報をして受報者の要求に適応し且つ必要の時機に到達せしめんには、確実にして迅速ならざる可らず。不確実なる報道は受報者を利せざるのみならず、却て誤算の原因を成すべし。又確実なるも遅緩なるものは、時機に後れて是亦受報者を益することと無し。故に確実と迅速は両立するを要す、特に戦時の敵情報告及通報に於て然りとす。而て敵情等を確実ならしむるには其兵力、時刻、地所及動静の四要件を具備せざる可らず。此四件の内其一つを欠ける報告は其価値の過半を失ふ。例ば左の敵情報告に於て、若し其の一要件を欠けりとせば、受報者の参考として何等得る処なきが如し。

〔例〕午前《（時刻）》六時四十分、敵艦《（兵力）》四隻内巡洋艦二隻、一八《（地所）》九地点にありて、北北《（動静）》東に向針し其速力約十四節なり

又報告は之を確実ならしむるの主旨に基き、其出所を明示し、自己の目撃せる処と、他より聞知せる処及其推測なるや否やを判然差別するを要す。例ば「哨艦の目撃報告する処に拠れば云々」「漁民（捕虜）の言に拠れば云々」或は「推測するに云々」等と記するが如し。

報告及通報を迅速ならしめんには、其章句を簡短にし文意を明瞭ならしむること最も必要なり。報告を概報及詳報に分類したるも、主として此主旨に基けるものにて、先づ即時に簡短なる概報を発して受報者の参考に資し、次で詳報を提出して発報者の職責を全ふするに外ならず。而て其迅速の程度には定限なしと雖も、情況の変化測り難き場合等に於て倉卒に瞥見せる処を報知するときは、往々直に之を取消し若くは改正せざる可からざることあるが故に、発報者は至急を要すと認むるときの外、勉めて

情況の変化に着眼し、略ぼ確実なる判断を得るに及んで発報するを可とす。例ば交戦中意外の辺に敵の新兵力を発見したる場合等には直に之を即報すべきも、既知の敵軍が其挙動を変ずる等の場合には暫時其動静を監視し略ぼ確実と認むるに至りて発信するが如し。

○報告及通報の文法に関する通則は凡て令達のものと異る処無し。然れども詳報等は事実及情況を詳記するものなるを以て、其叙事明劃ならざれば受報者をして其長文の要領を会得し、之に対する処理を速《すみやか》にする能はざらしむ。凡て任務報告の叙事は形勢、計画、実施、成績及所見の五段に分割し、事件報告のものは事件前の情況、事件中の情況及措置并《ならび》に事件後の結果及措置の三段に分割し、又情況報告のものは報告せんとする事項の種類及範囲等に準じて数段に分割するを明瞭なりとす。固より報告の種類に依り必ずしも前記の叙事法に則り難きことありと雖も、大体に於て此要領に準拠するを受報者の閲覧及処理を便易ならしむるものなり。仍《すなは》ち左に任務報告の一例を掲げて参照に供す。

(任務報告書例)

二駆機密第二〇四号

第二駆逐隊行動(戦闘)詳報

三十六年九月五日
於　竹　敷　　第二駆逐隊司令　　某

一、形　勢(彼我一般ノ情勢)

此項ニハ発動前ニ於ケル敵情、彼我兵力ノ配備対勢並ニ当時ノ天候等ヲ記スルモノトス、但シ其必要ナケレバ省略シテ可ナリ

二、計　画(我目的、企図及方案)

此項ニハ行動(戦闘)ニ関シ受ケ又ハ発シタル命令、訓令、規約、報告、通報幷ニ之レガ為メ施行シタル準備作業等ヲ列記シ、凡テ対敵ノ目的企図及方案ヲ明ニス

三、実　施(行動若ハ戦闘ノ経過)

此項ニハ行動(戦闘)ヲ実施シタル経過幷ニ其間ニ起リタル事件ヲ時刻ニ準ヒ列記シ、彼我ノ運動対勢等ハ行動図及合戦図ヲ以テ示ス

モノトス
行動（戦闘）中臨機発受シタル命令報告等ハ本項記事ノ中ニ記入スルヲ可トス

四、成　績（行動若クハ戦闘ノ結果）
此項ニハ行動（戦闘）ニ因テ収メ得タル成果及事後ニ於ケル情勢ノ変化等ヲ叙シ又彼我ノ損害、死傷、俘虜、鹵獲等の程度状態、兵器需品、材料等ノ消耗数量并ニ現状等ヲ細記スルモノトス
而テ死傷、俘虜、鹵獲、消耗兵器、需品、人名、員数等ハ別表トシテ附スベキモノトス

五、所　見
此項ニハ此行動（戦闘）ニ於ケル計画及実施ノ利害得失並ニ此行動（戦闘）ノ成果ヲ得ルニ至ラシムル格段ノ与力アリタル部下ノ功績等ヲ記シ、又戦后ニ於ケル敵状ノ判断、之ニ対シ我ガ執ラントスル将来ノ企図、意図、意見及希望等ヲ附加スルモノトス

第一艦隊司令長官　　某　　殿

（附　記）

一、本例は行動（戦闘）詳報の書例を示すものにて、偵察、視察、作業等の如き任務報告書例は多少其項目を異にす、但し大体に於て本例の要領に準ふを明瞭なりとす。

二、事件報告の書例は任務報告に準ずと雖も、其項目は事件の種類に依り主として事件前の情況、事件中の情況及措置並に事件後の結果（則ち事件にて生じたる損害等の程度）及執らんとする措置等に分別して記載するものとす。

又所見を添ふるの必要あれば之を最後に記するものとす。

三、情況報告の書式も任務報告に準ず。但し其項目は情況を報告せんとする事項の種類及範囲等に依り分別するものとす。

例ば某防備隊の情況報告に於ては左の数項に分別するが如し。

一、兵力配備の変更　二、防禦工事の程度　三、通信機関の増設　四、給与の現状　五、衛生の現状　六、所見

又某部隊の教育現状報告に於ては教育組織の範囲に依り砲術、水雷術、運用術、信号及転舵術、機関術等の数項に分つが如し。

第三章　通信

第一節　通信法の種類

○凡そ二人以上のもの相結合して同一の事業に従ふときは必ず其意志の交通を要す。故に人類は自然の必要に応ずべき言語を有し、其聴官の聞識し得る距離内に於ては、能く之を以て相互の意志を談通す。然れども此距離以外に隔離するときは、他人の逓伝若は文字、記号等の媒介に依らざる可らず。此に於て通信の必要を生ず。

軍事に於て通信の欠く可らざるは言ふを俟たず。軍隊の命脈たる令達、報告及通報等は皆な通信の媒助に依り其通達を全ふするものにして、小は一戦場に於ける司令部と戦闘部隊間の近距離通信より、大は遠距離に隔離せる大本営と出征艦隊司令部間の交通に至る迄、一つとして通信力の普及せざる処あらざるなり。

○通信法を大別して左の三種とす。

一、文書通信　二、信号通信　三、電気通信

通信は其通達の確実と迅速を並備するを要すと雖も、通信法の種類に依り機力上の長短あるを免れず。文書通信は最も確実にして精密なるも、其速度迅速ならず。信号通信は簡便なるも粗略にして遠距離に達せず。電気通信は最も迅速にして且つ確実なるも其設備なき処に用ふる能はず。何れも長短利害あるが故に、通信事項の種類に準じ此等を適用するを要す。

○文書通信は方今印刷機の発達に依り大に其速度を増加せり。作戦命令等を近距離にある多数の受令者に伝達する場合等には、各部隊若くは各艦より受令者を召集して口達し或は信号を以てするよりも、却て多数の通信艇を利用し文書にて発送するを迅速且つ確実なりとす。凡そ令達と報告の別なく、多少重要なるものは口頭を以て伝達す可らず、口頭は受信者を招致して直接に伝達するも、尚ほ意義の誤解若くは要件の忘却等を来たすの虞あり、特に間接に使者を経由して受信者に達するときは益々此過失を増加す。故に口頭を以て令達する場合等には、文書に準じて之を筆記復誦せしむるを可とす。然れども近時の最良なる謄写機は能く一時間に数百枚を印刷し得るが故に、受信者多数なるときは筆記せしむるよりも謄写して配布するを却て迅速なりとす。

艦隊に於ては文書通信を送達する為め、各部隊に一隻以上の通信汽艇を常置するを

要す。特に最高司令部の旗艦には伝令用として数隻の駆逐艦若くは水雷艇を附属するを可とす。又隊外遠距離通信のためには通報艦若くは通信船の常置なからざる可らず。文書通信の速度は主として此等通信艦艇の隻数と其速力に正比例するものなり。

艦隊航行中に文書通信を送達するには通信用水雷艇を艦側に来らしめ、竿頭に封書を附着して授受するを簡便なりとす。近時文書送達器を艦尾より浮流して単縦陣をなせる艦隊の文書通信に用ふと雖も、未だ至便と謂ふに至らず。

遠距離文書通信の一種として、今日も尚ほ伝書鴿を使用することあり。然れども多年の実験に依るに、伝書鴿《ばと》は屡々《しばしば》其途を失ひ或は途中他鳥に獲殺さるゝこと多きを以て其通達頗る不確実なり。加之之を有効に使役せんとせば長時日の間一所に於て訓練し、所要に瀕んで他所に移さゞる可らざるの不便あり。且つ充分訓育したるものも其最大通信距離は六十浬に超ふること稀なり。故に無線電信の発達せる今日に於ては此の如き不便不確実なる通信に依頼するの要無し。

○信号通信は簡短なる近距離通信に適応し、特に昼間は旗旒信号を用るを最も迅速にして且つ確実なりとす。信号法整良にして信号書精備するときは益々其効用を大にす。然れども手旗及発光信号は片仮名符を用ふるが故に、比較的長時間を要するのみならず、往々誤読の虞あり、特に中継者の数を増すに従ひ然りとす。

信号の速度は信号術よりも主として信号法の良否に関係す。信号法に於て最も必要なるものは隊号、艦名、地名等に附与すべき符字の制定是なり。若し之れ無かりせば呼んで応ぜず、通して解する能はざるべし。特に隊号、艦名には呼称のため必要なる第二人称及第三人称の区別あるを要す。此故に新に一部隊を編成し或は臨時に特定地点を設くる等の場合には、必ず此符字の制定を忘る可らず。又信文は之を単語、連語及文章の三種に分類し、作戦等に必要あるべき信文は凡て文章を用ひ、一字若くは二字の符字にて之を表示せしむるを可とす。然らざれば著しく通信速度を減じ、緊急の要求に応ぜしむること難し。

○電気通信は無線及有線電信幷に電話にして、其迅速なると通達距離の大なる故を以て、遠距離通信には最も適応するものなり。然れども近距離通信に於ては其速度却て信号に及ばざることあるのみならず、無線電信にては為に遠距離通信を阻害するを以て、已むを得ざるの外之を用ひざるを可とす。又戦時に於ては作戦に関する通信の速度分秒の遅速を争ふが故に、不急の通信等は勉めて之れに拠らざるを要す。又電話は電信に比し其通達迅速なりと雖も、口頭通信の如く誤解忘却等の虞あるが故に常に筆記復誦せしむること最も必要なり。

電信の速度は其技術に由る処多しと雖も、是亦信号の如く符字暗号に依り字数を省略し得るなり。特に敵前に用ふる無線電信は妨信及混信を予期せざる可らざるを以て、為し得る限り簡短なる略符を用ひざる可らず。

有線電信は線数並に現字機の単送式、複送式及重複送式なるとに依り著しく其速度を消長す。故に戦時に当り通信の輻輳すべき通信幹線等には少くも弐線以上に複送式現字機を装置したるものを撰むを可とす。

海陸の電気通信の連絡を確実且つ迅速ならしめんには、海岸に達する有線電信の端末に無線電信所を設置するの必要あり。若し之れ無き場合に於ては無線電信機を装備せる通信船を其地に碇泊せしめ之れに代用せざる可らず。特に海岸望楼等に於て無線電信の設備なきものは殆んど其効用の半ばを減じ、之れが為め作戦に従事する艦隊をして徒《いたづら》に迂路を取らしめ、或は其兵力を分離せしむるの已《やむ》を得さざるに至らしむることあり。

第二節　通信線の系統

○通信の速度は単に通信法の適否に関係するのみならず、又通信線系統の整否に依りて消長するものなり。通信線の系統混雑するときは、各通信線を通過する信数に過不

第一図

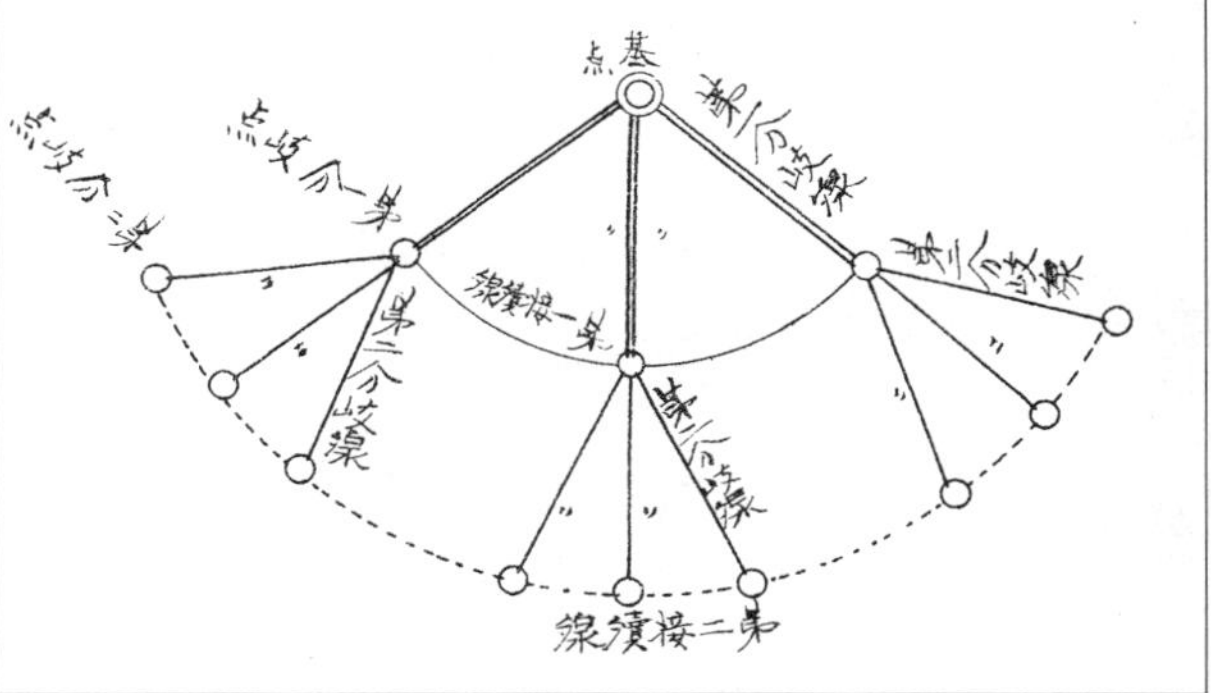

足を生じ、或は多数の通信一時に一線に輻輳して漸次に其遅滞を来たし、或は有効なる通信線を無用に休止せしむることあり。故に通信の速度を増加するには、其通信法を撰択すると同時に其系統を整理せざる可らず。

○通信線の系統に二種あり、分岐線系統及幹線系統是れなり。此両系統法は通信の種類及其多寡、通信点の遠近及其多寡幷に通信機関の種類及其数量等に準ひ其応用の適否あるものにて、其何れを執るべきかは時の要求に応じて之を撰定すべきものとす。

○分岐線系統は第一図に示すが如く、通信基点より第一分岐点に各分岐線を設け、更に第一分岐点より分岐線を設くる如くし、尚必要に応じて第三、第四分岐線を設け、且つ各分岐点を接続する接続線を設くること図示の如くするもの

第二図

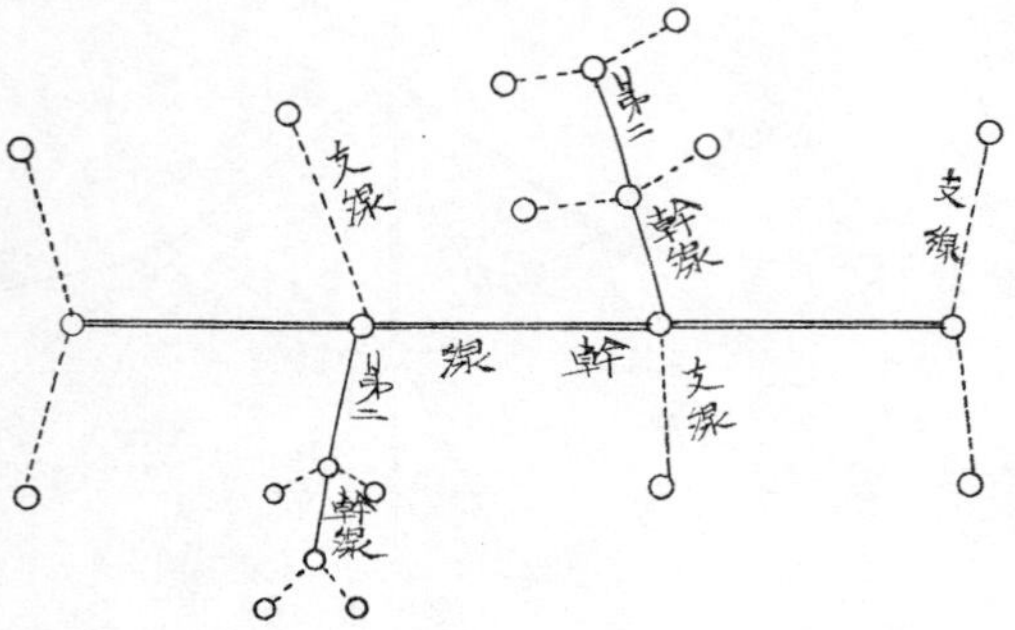

なり。此系統法は最も完備したるものにて通信の速度も迅速なれども其機関に比較的多大の整備を要す。而て其設備に関する通則左の如し。

一、各分岐点に集合する分岐線の数を均一ならしむるを要す。

二、少くも第一分岐線には主副の通信装置を設くるを要す。

三、第一分岐線には最も確実にして迅速なる機関を撰定するを要す。

四、少くも第一分岐点の接続線を設るを要す。

此系統法を応用するには、例ば艦隊の隊内通信に於て最高司令部の旗艦を基点、各戦隊の旗艦を第一分岐点とし、其間に第一分岐線たるべき確実なる通信水雷艇を常置し、更に各戦隊の旗艦より其部下の諸艦に第二分岐線たるべき通信汽艇を設置するが如し。

或は又之を海岸望楼の通信に応用すれば大本営所在地を通信基点、各鎮守府及要港部を第一分岐点とし、其間に弐線以上を有する電信線を設け、更に各鎮守府若くは要港部より各望楼に第二分岐線を設置するが如し。

○幹線系統は第二図に示すが如く、重要なる数個の通信点を貫通せる幹線を設け、其通信点より必要に応じて第二幹線若くは支線を支設するものにて、此法は通信線に比較的多大の設備を要せずして、一般通信の要求を充たすの利あり。然れども各通信点の通信頻繁にして其交換数一定せざるときは其速度分岐線系統に及ばず。此欠点を或る程度迄補足するには第三図に示すが如く幹線を回帰線となすにあり。而て其設備に関する通則左の如し。

第三図

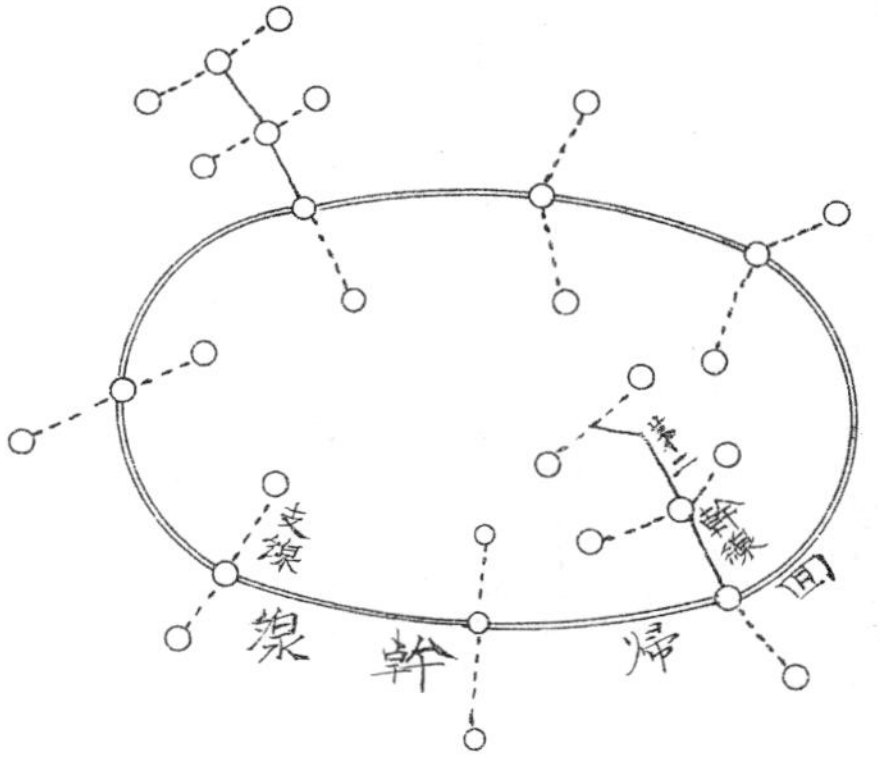

一、幹線上の各通信点に集合する支線の数を可成的均一ならしむるを要す。

二、幹線には主副の通信装置を設くる

を要す。

三、幹線には最も確実にして迅速なる機関を撰定するを要す。

四、幹線は可成的回帰線ならしむるを要す。

此幹線系統法を応用するには例ば艦隊の隊内通信に於て最高司令部の旗艦及各戦隊の旗艦を通して通信水雷艇の回帰幹線を設け、更に各旗艦より其部下艦船に対し通信汽艇の支線を設くるが如し。或は海岸望楼の通信に於て大本営所在地及各鎮守府其他の重要地点を貫通する通信幹線を設け、其幹線上より各望楼に支線を支設するが如し。

○凡そ通信区域の大小を問はず、新たに通信系統を編成せんとするときは先づ前記両系統法の何れが適応すべきやを撰定し、然る後之れに要する機関を設置するを順序とす。然れども戦時応急の場合等には現有する機関の数量等に考へ、機力の許す可き系統法を撰まざる可らざるのみならず、其系統をも適宜に変更せざる可らず。例ば或る作戦地域に於て、地形に応ずる作戦上の要求は（甲）地より（乙）地を経由し（丙）地に至る通信線を設くるを可とするも、現に設置しある（甲）地より（丁）地を経て（乙）地に至る電信線の通信力最も大なるが故に、之を幹線に撰定するが如き、或は又之れに反し（甲）地より（丁）地を経由するものは到底作戦の要求を充たさゞるが故に、新に（乙）地より（丙）地に新電線を急設するが如きことあり。斯くの如く通信機関の現状は作戦の要求に適応すること、然らざることあるが故に、在来機関の利用と新機関の設備は相須《まつ》て考慮を要するものなり。

第四章　航　行

第一節　航行の種別及要義

○凡そ平時と戦時とを問はず、艦隊行動の大部分を占むるものは航行にして、其方法宜しきを得ざるときは、行動の目的を達成する能はざるのみならず、却て不慮の過失を招くことあり。特に戦時の行動に於て、作戦目的の成敗は航行の正確適良なると否とに起因すること多し。

○航行は途上に於ける遭敵の顧慮より生ずる警戒の有無に準じ、之を警戒航行及通常航行の二種に種別す。艦隊平時に於ては、固より通常航行を執ると雖も、戦時に於ては敵の所在、遠近其動静等に準じ、両者孰《いづ》れを執るべきかを定むるものとす。其警戒の方法に就いては後段第七章に之を詳記す。

航行は又艦隊の兵力を一団に集結して同一航路を行進すると、数団に分離して別航路若は別航程を分進するとに依り、之を集団航行及分離航行の二種に種別す。集団航行は艦隊全隊の意志を疏通し、其行動の連繋を確実ならしめ、個々に敵を受けざるの利ありと雖も、其兵力多大なるときは、途上に於ける混雑の虞あるのみならず、且つ給与の困難を増加するものなり。分離航行は之に反し、各部隊間の通信連絡を保持すること較《や》や難きの不利あり。故に艦隊指揮官若し行動若は給与上の必要等より分離航行法を執るときは、常に通信連絡に留意せざるべからず。

○航行の種別如何を問はず、又航行部隊の大小、其航程の遠近に論なく、航行の目的とする処は一つに所要の兵力を所要の時機に所要の地点に到達せしむるにあり。而して此目的を達するの要義は概ね左に列記するが如し。

一、航路及航程の安全なること

（註）危険なる航路は以て艦隊を進行せしめ難し。安全なる航海は航路に於て天候、潮候等に応ずる顧慮并に遭敵に対する予戒あるを要し、又航程に於て難所要害等を通過するの時期を撰まざる可らず。

二、航時を短縮すること

（註）凡そ航時は航路の屈折少きと航行速力の大なるとに比例して短縮す。行動の迅速なるは電光の如くなるも尚ほ疾《はや》きに失せず。迂遠遅緩なる航行は時日と

労力を徒費するのみならず、事変発生の機会を増加するものなり。特に戦時の作戦行動に於て然りとす。

三、航程に遅速なきこと

(註) 航程は終始正確に其歩度を進めざる可らず。是れ他隊若は他部との連絡を保持し、全局の行動に錯誤なからしめんが為めなり。特に重んずべきは正確に目的地点に着任することにして、其過ぎたるは尚ほ及ばざるが如し。此節度を得んとせば、予《あらかじ》め航行日程を定め、速力の調整に依り、之に準拠して航進するを要す。

四、時辰を整合すること

(註) 時辰の斉一は作戦万事の基礎なり。特に航行に於て時辰不同なるときは、行動の連繋得て望む可らず。故に航行せる艦隊は毎日時を期して其時辰を整合すると同時に、其測定位地を一定するを要す。又標準時の制定なき地方に航するときは、必ず先づ之を一定して其の実施の区域を全軍に予示せざる可らず。

五、兵力を分散せざること

(註) 兵力離散し相前後して航行するときは、譬《たと》ひ安全迅速に目的地に到達するも其効用を減少するのみならず、途上に於ける遭敵の危急に即応すること難し。

故に予め適良なる航行序列及隊形を案画して部隊の縦長を緊縮すると同時に終始其の整頓に力《つと》めざるべからず。

六、異変に応急し得ること

(註) 航行の計画に遺算なきも、尚ほ其実施に当り、天候及遭敵等の異変は往々予定を齟齬せしめ、兵力を分散せしむることあり。斯くの如き場合に応ずるため、予め会合点を指定し置かざる可らず。

七、通信の便利なること

(註) 航行せる艦隊は一時隊外の連絡を断ち、其間往々発受すべき緊急の通信あることあり。故に為し得る限り通信の便利多き航路及航程を撰み、且つ之れに要する配備なからざる可らず。特に戦時の作戦行動中情況の変化予知すべからざる場合に於て然りとす。

八、給与の容易なること

(註) 艦隊をして目的地に到達したる後、其航続力を保全せしめんとせば、軍需の補充を忽にす可らず。而かも航行中の給与事業は時間と労力を要すること多く、洋中給与の困難なる場合には寄泊給与に依るを要することあり。此等の要求に対し航路及航程は可成的給与の容易なるものたるを要す。

九、軍需を経済すること
（註）已に給与の困難あるとせば常に軍需（特に燃料）の経済を図らざる可らず。航時を短縮するため航行速力は多々益々大なるを可とすと雖も、亦炭水の消耗を節約して航続力の伸長に顧慮するを要す。

○如上の諸要義は航行の計画実施に当り、何れも服膺考慮すべきものなり。固より行動の情況に依り其需要の程度を異にすと雖も、若し其得失相矛盾するときは概して前段列記の順序に準ひ重きを措くを可とす。故に其末項たる給与の便易、軍需の経済等の如きは往々度外視せざる可らざることあり。

第二節　航行の方法

○凡そ艦隊航行せんとするときは、先づ其行動の要求に依り、通常若は警戒航行幷に集団若は分離航行を執るべきかを決定し、然る後前節に列記したる航行の要義に則り、左記の既定事項を基礎として之を計画するものとす。
一、目的地に到達すべき時刻
一、途上の触点若は要害等を通過する時刻

一、出入港に要する時間
一、途上の行事
一、艦船の固有速力及航続力
而て航行命令として予め全隊に令達さるべき要項左の如し。
一、出発及到着時刻
二、航行序列及隊形
三、予定航路
四、航行日程及航行速力
五、通信連絡に必要なる部署
六、天候其他の異変に応ずる会合点
七、標準時の指定及其使用の区域（必要あるとき）
八、給与の地点及時期
以下此項目に準ひ、航行計画及実施の要領を列記す。

㈠出発及到着時刻は前記既定事項及航路の距離より計算さるゝものなり。而して其実施に当り、就中此予算を齟齬せしむるものは出入港に要する時間の不同にして、夜中入港の危険を顧慮するときは、之れが為め往々一日の日程を延期せざる可らざることあり。出入港の時間は部隊の大小、港湾の形勢及碇泊情況等に依り一定せずと雖も、一斉抜錨法を執るときは、一箇戦隊の抜錨の初めより航行隊形の整頓迄に三十分、一箇駆逐隊若は艇隊に十五分を要するを標準とす。一斉投錨法を以てする入港投錨に要する時間も亦之れに同じ。（若し逐次抜錨及投錨法を執るときは此時間を二倍す）又大艦隊の出入港に於ては後続の一箇戦隊を増す毎に十分宛《づつ》を加へ、後続の一箇駆逐隊毎に五分を増加すべきものとす。例ば四個戦隊及二箇駆逐隊より成る一艦隊の出入港に要する合計時間は戦隊一時間、駆逐隊二十分なり。然れども此標準は抜錨投錨に熟練せる艦隊を以て諸種の情況順好なる場合に対するものにして、未練の艦隊を以て不順の情況に遭遇するときは、往々出入港に各半日以上を徒費することあり。特に逐次若は便宜投錨抜錨法を執る場合に於て然るが故に、大艦隊の出入港等には情況の許す限り各部隊の一斉抜錨及投錨法を執らざる可らず。

㈡航行序列は部隊兵力の大小幷に其行動の目的等に依り差異ありと雖も、大艦隊の警戒航行に於ては戦隊の数に準じ、大抵左記の序列を執らしむるを通則とす。

㈠前衛戦隊若は部隊、㈡主戦隊（総司令部の旗艦独立せるときは主戦隊の先頭に占位す）、㈢爾余の各戦隊、㈣水雷戦隊の護衛戦隊、㈤各水雷戦隊（水雷戦隊は

各戦隊に配属することあり）、㈥特務隊の護衛戦隊、㈦特務隊、㈧後衛戦隊若は部隊

但し水雷戦隊及特務隊并に其護衛戦隊は別箇の梯団となし、全隊の序列以外に立たしむることあり。又通常航行に於ては前衛及後衛戦隊を配置せざるを異れりとす。

航行隊形は時の要求に応じて各種の陣列を撰むと雖も、大抵出入港若は狭水道の通過等には縦陣列を以てし、洋中に於ては鱗次陣列若は並陣列等を取るを可とす。

㈢予定航路は航行の要義に則り針路法に依りて画すべきものにして、之を令達するには、海図と同尺度の略図上に航路線（矢符を附記す）を図示するを簡明なりとす。而て各航路線の方位及各変針点の時刻を記するを要す。

㈣航行日程は一日以上の航行に於て、之を予定し、概ね正子、午前六時、正午及午後六時の四度の達着地点（大艦隊にては其主戦隊先頭の位地を以て測算す）を以て限界とす。但し長時日の航行に於ては単に正午の達着地点のみを以てすることあり。而て之を令達するには前項予定航路図の航路線上に此等の時刻を附記するを以て足れりとす。

又航行速力は航行日程より算出されたる標準速力を示定するものにして、固よ

り実施に当り時々の増減なからざる可らず。而て此示定速力は天候潮候等の如き外部の原因より生ずべき速力の増減を算入せざるものたるを要す。

(五)通信連絡に要する部署は予定航路が陸岸望楼等の無線電信通達距離内にあるときは素より之を要せず。然らざる場合に於ては特に通報艦等をして通信点に近き別航路若は別航程を執らしめ、適当の時機に於て主隊に帰合せしむるを可とす。

(六)天候其他の異変に応ずる会合点は航行中毎夕刻若は異変発生の時に其都度信号を以て指示するを例とすと雖も、之を予定する場合には、毎日若は毎二日の集合点を示定し、日出時を以て限界として日出以後の異変に対しては其翌日の会合点に来会せしむる如くするものとす。而して其地点は可成的通信の便あるを可とす。

(七)標準時の指定は其制定なき地方のみに限り其必要あるものにして、大抵測算に易き中央部の経度時を採用するを例とす。但し其附近に標準時あるときは之れと一時間以上の時差ある経度を撰むを便なりとす。而て其使用の区域は其経度の東西各七度三十分以内とす。

(八)給与の地点及時期は行動の目的、航路及航程に依りて一定せずと雖も、洋中給与は大抵午前中航路上に漂泊して之を行ひ、寄泊給与は途上平穏の泊地に仮泊して行ふものなり。而て毎日之を行ふときは其時間は平均三時間以内にて充分なりとす。

○航行長時日に亘り、其間に碇泊を交へ且つ行事多端なるときは、航行命令以外に尚ほ行動予定表若は行動図表を調製して之を配布するを可とす。其用途は主として全行動を通して艦隊の所在及其行事の要領を便覧せしむるにあり。仍ち節末に行動図表の二例を掲示す。

○以上は凡て一部隊の集団航行に就きて、其方法を説明せるものなり。然れども其部隊の兵力多大にして、途上の集団危険なるか或は兵力大ならざるも、行動上特に必要あるときは、分離航行をなさしむることあり。此場合に於ては予め之を数箇の梯団に区分し、各別の航路若は航程を執らしむるものとす。而て其各梯団の航行法は他梯団との通信連絡に要する配備を置くの外、凡て本節に述ぶるが如し。

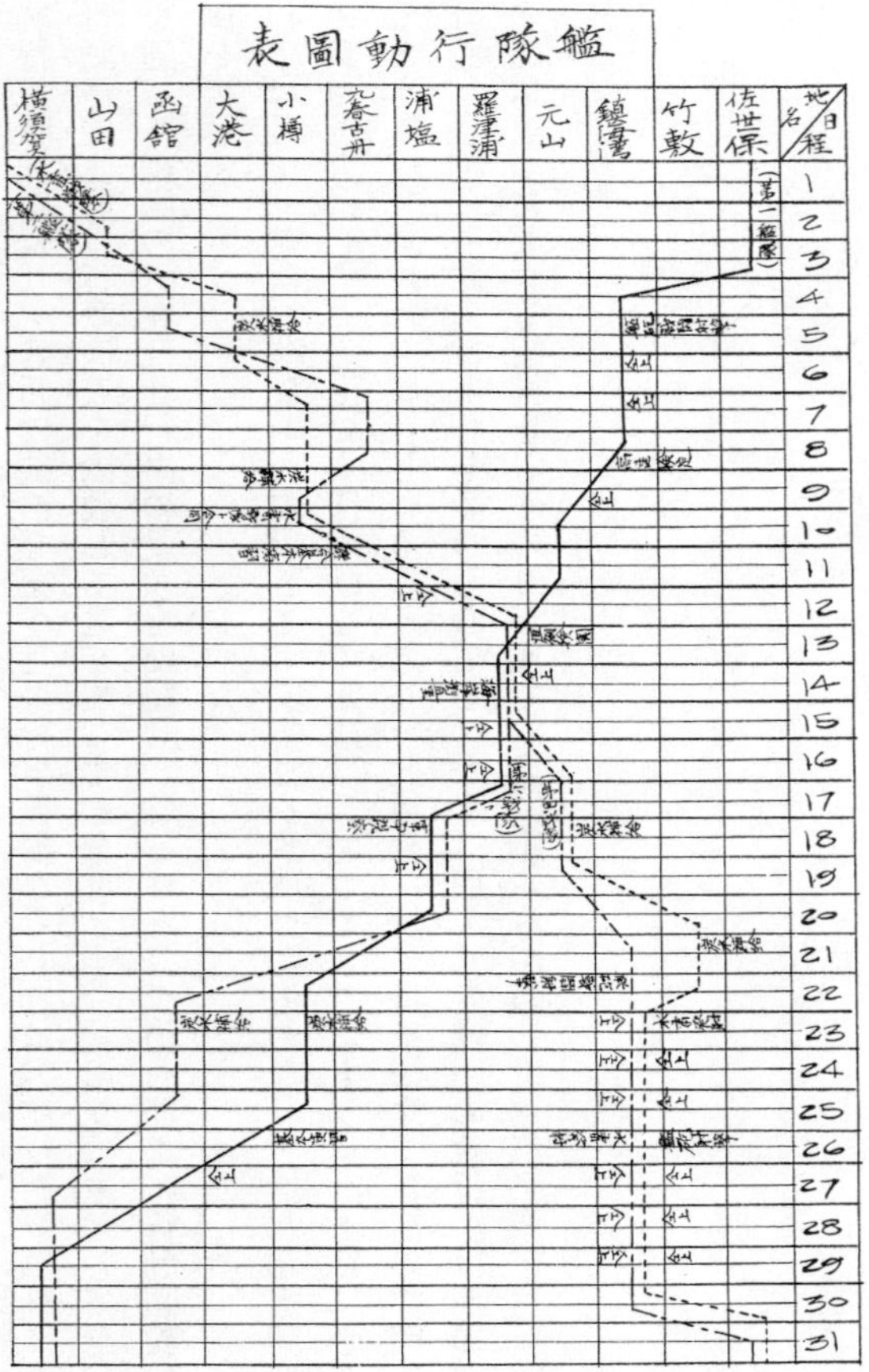
艦隊行動圖表
地名
日程
佐世保
竹敷
元山
羅津浦
浦塩
小樽
大湊
函館
山田
横須賀
1
2
3
4
5
6
7
8
9
10
11
12
13
14
15
16
17
18
19
20
21
22
23
24
25
26
27
28
29
30
31

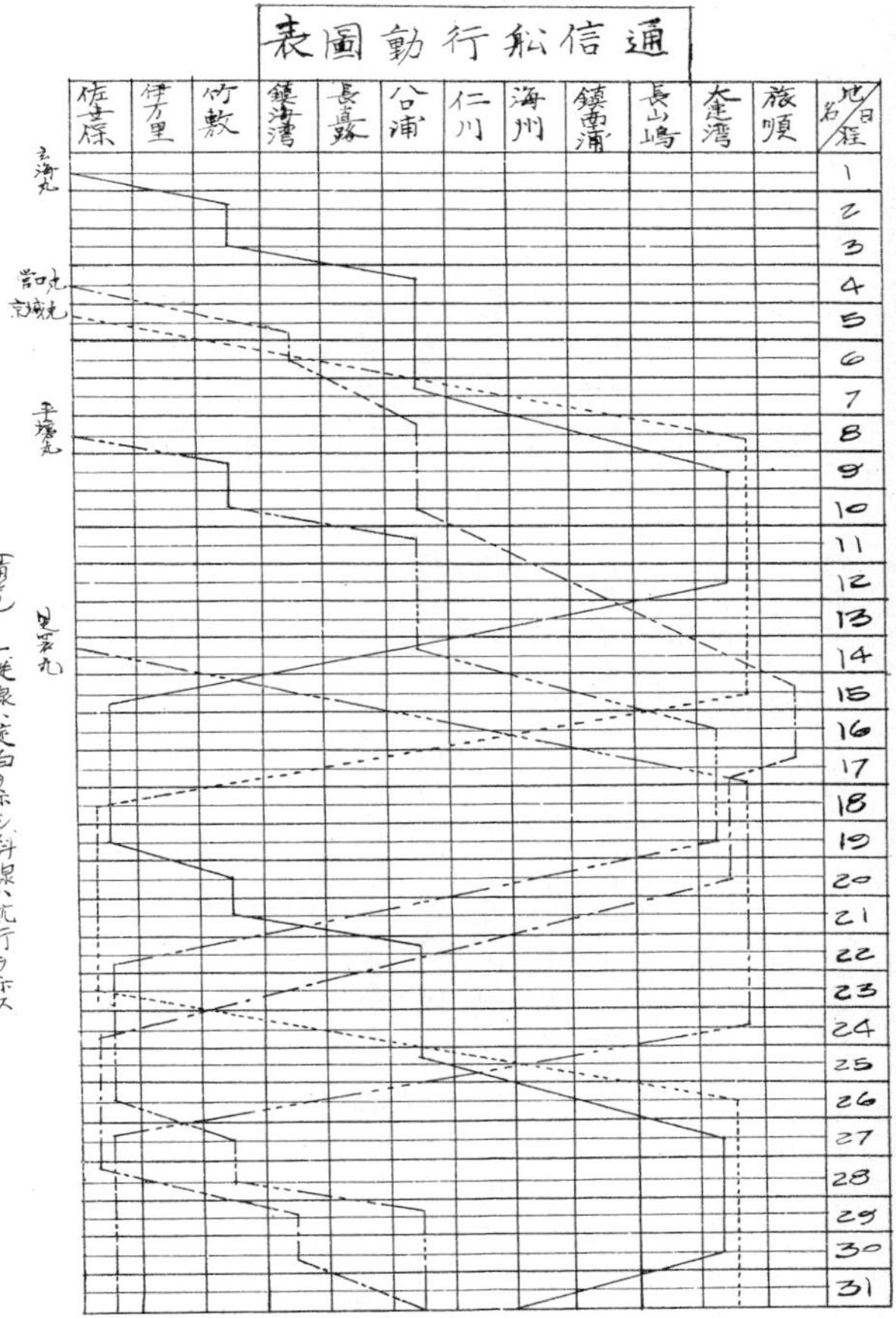

（備考）
一、縦線ハ碇泊ヲ示シ斜線ハ航行ヲ示ス
二、斜線ニハ航程浬数ヲ記入スルヲ便利トス
三、航海及碇泊中施行スル重要ナル行事ヲ記入スルヲ便利トス、

第五章　碇　泊

第一節　碇泊の種別及要義

○夫れ艦隊は常に行動せるものにあらずして、戦時と雖も、其多くは待機静止の姿勢を持して、碇泊しあるものなり。航行日数と碇泊日数の対比は概して三と七との比例以内にあり。故に碇泊の方法宜きを得ざれば、単に天候其他の異変に対し泊船の安全を保し難きのみならず、教育、訓練、給与、経理等に於て、長時日に亘り不利を蒙ること少しとせず。特に戦時の碇泊中敵襲を受くる場合等に於て、艦隊碇泊の情況は其防禦力に関係すること頗る大なり。

○碇泊は敵襲の顧慮より生ずる警戒の有無に準じ、之を警戒碇泊及通常碇泊の二種に区別す。前者は港外に対する警固を主とし、後者は港内に於ける団結を重んず。戦時に於て両者孰れを執るべきかは、敵の所在、遠近其動静等に依りて之を定むるものとす。其警戒の方法に就ては後段第七章に之を詳記す。

碇泊は又艦隊の兵力を同地に集合して碇泊すると、之を別地に分割して碇泊せしむるとに依り、之を集団碇泊と分離碇泊とに称別す。集団碇泊は給与及通信上の利便多しと雖も、泊地の容積之を許さゞるときは、分離碇泊に拠るの外なし。此場合に於ては可成的近距離に隔離して、常に通信の連絡を確保せざる可らず。

○碇泊の種別如何を問はず、又碇泊部隊の大小及其碇泊日数の長短に論無く、碇泊の要義は概ね左に列記するが如し。

一、泊船の安固なること

（註）天候、潮候及地象等に対する艦船衝触の危険は航行よりも寧ろ碇泊に於て多大なり。此危険を防避せんとせば、陸岸又は礁洲に対し安全距離を保つと同時に、列艦及隊列の位地を適当に整頓せざる可らず。

二、敵襲の防禦に適すること

（註）警戒碇泊に於ける、艦隊の錨位及其隊形は可成的敵襲を困難ならしむると同時に、我防禦砲火の効力を最大に発揮し得るものならざる可らず。然れども泊地狭小にして、艦隊の兵力多大なるときは、完全に此要求を充たすこと甚だ難し。

三、出動に容易なること

（註）凡そ静止の情態にあるものは常に発動の用意なかるべからず。艦隊の碇泊其法を得ざれば出動に多大の時間を徒費し、為に必要の時機を失することあり。特に戦時待機の場合に於ては此要求頗る大なり。

四、通信の自在なること

（註）碇泊せる艦隊は陸上及艦船相互間の通信常に頻繁にして、其速度は終始隊務の進行を左右するのみならず、率て艦隊の機動に影響すること多し。此等通信の自在を得んとせば、最高司令部は可成的全軍の中央に於て陸上通信点に近く、其錨位を占め、爾余の諸隊は其四周に集団するを可とす。

五、給与の便易なること

（註）艦隊諸隊の錨位散乱して、給与船隊の泊地一方に偏在するときは、各部に対する軍需補給の速度に過不及を生じ、一部不整備の為に、全軍の任務を渋滞せしむることあり。給与の便亦顧慮せざる可らず。

六、訓練に支障なきこと

（註）艦船各箇の教練特に内筒砲射撃は主として碇泊中に施行するものにして、其励行は艦隊の戦闘力を増進すること少しとせず。此要求に応ぜんには、艦々

相遮蔽することなく、各隊列の一方に適当の余地を存せざる可らず。然れども泊地狭小なるときは諸他の要求と共に之を充たすこと甚だ難し。

如上の諸項は艦隊の碇泊に於て、何れも顧慮せざる可らざる要義なりと雖も、其利害往々相矛盾して、其取捨に苦むことあり。例ば敵襲の防禦に適せしめんとせば、諸隊の位地隔離して給与に不便なるが如き、或は出動を容易ならしめんとせば、通信の自在を失するが如き是なり。此の如き場合には時の要求に応じて先づ其必須なるものに重きを措くを可とすれども、概して前段列記の順序に準拠するを妥当なりとす。

第二節　碇泊の方法

○凡そ艦隊一地に碇泊せんとするときは、先づ時の要求に応じて、通常若は警戒碇泊幷に集団若は分離碇泊を行ふべきかを決定し、然る後前節に列記したる碇泊の要義に則り、左記の既定事項を基礎として、之を計画するものとす。

一、碇泊日数
一、碇泊地の地形及地積
一、碇泊中の行事

一、碇泊艦船の隻数及吃水

而て碇泊命令として、予め全隊に令達さるべき要項左の如し。

一、入港序列、錨数及錨鎖の長

二、碇泊隊形

三、通信に関する指定

四、給与に関する指定

五、行事に関する指定

以下此項目に準ひ、碇泊の計画及実施の要領を列記す。

㈠艦隊の兵力多大なるときは、入港に先ち予め其航行序列を入港序列に変更せざる可らず。然らざれば投錨の際泊地に於ける混乱を来すのみならず、全隊の投錨に長時間を徒費するものなり。入港序列は碇泊隊形に準じ、首席戦隊を第一として、内方より外方に各部隊錨位の順序に拠るものとす。但し水雷戦隊及特務隊等は水深及給与等の関係より深く内方に碇泊せしむるを要するが故に、最先に之を入港せしめ、然る後各戦隊を入港せしむることあり。

錨数は特に其必要ある場合の外、常に各艦単錨泊とし、錨鎖は水深の二、倍半を通例とす。而て各部隊は可成的碇泊線に添ふて入港し、順次に一斉投錨を行ふものとす。若し逐次若は便宜投錨法を執るときは全隊投錨し了る迄に二倍以上の時間を要するのみならず、碇泊隊形の整頓を紊《みだれ》ること多し。

㈡碇泊隊形は碇泊地の地形及地積幷に碇泊の目的に依り異ると雖も、通常碇泊に於ては大抵戦隊を外方に、特務隊を中間に、水雷戦隊を其内方にし、海岸線に平行して碇泊すること**第一図**及**第二図**の如くするを通信及給与の利便最も多しとす。然れども警戒碇泊に於ては各戦隊を陸岸に近く碇泊せしめ、以て敵眼を避け、且つ其探照及防禦砲火を完用するため、**第三図**の如く碇泊するを可とす。又碇泊中内筒《ママ》砲射撃等を施行せんとするときは**第四図**の如く碇泊すること簡便なり。之を要するに、能く地形を利用し可成的兵力を分散偏在せしめずして、碇泊の目的に適合するを可とす。

　小部隊の碇泊隊形は入港に先ち、信号若は電信を以て之を令達し得ると雖も、大部隊のものは前泊地を出発するとき、其航行命令と共に予定錨位を図示し置くを要す。若し此予示なき場合には入港前信号又は電信を以て、先づ最高司令部旗艦の錨位を指示し、之を基点として各部先頭艦の占位及其碇泊線の方位を指示するものとす。

㈢艦隊碇泊中各司令部と艦船間に於ける令達報告等の送達に要する文書通信は常に

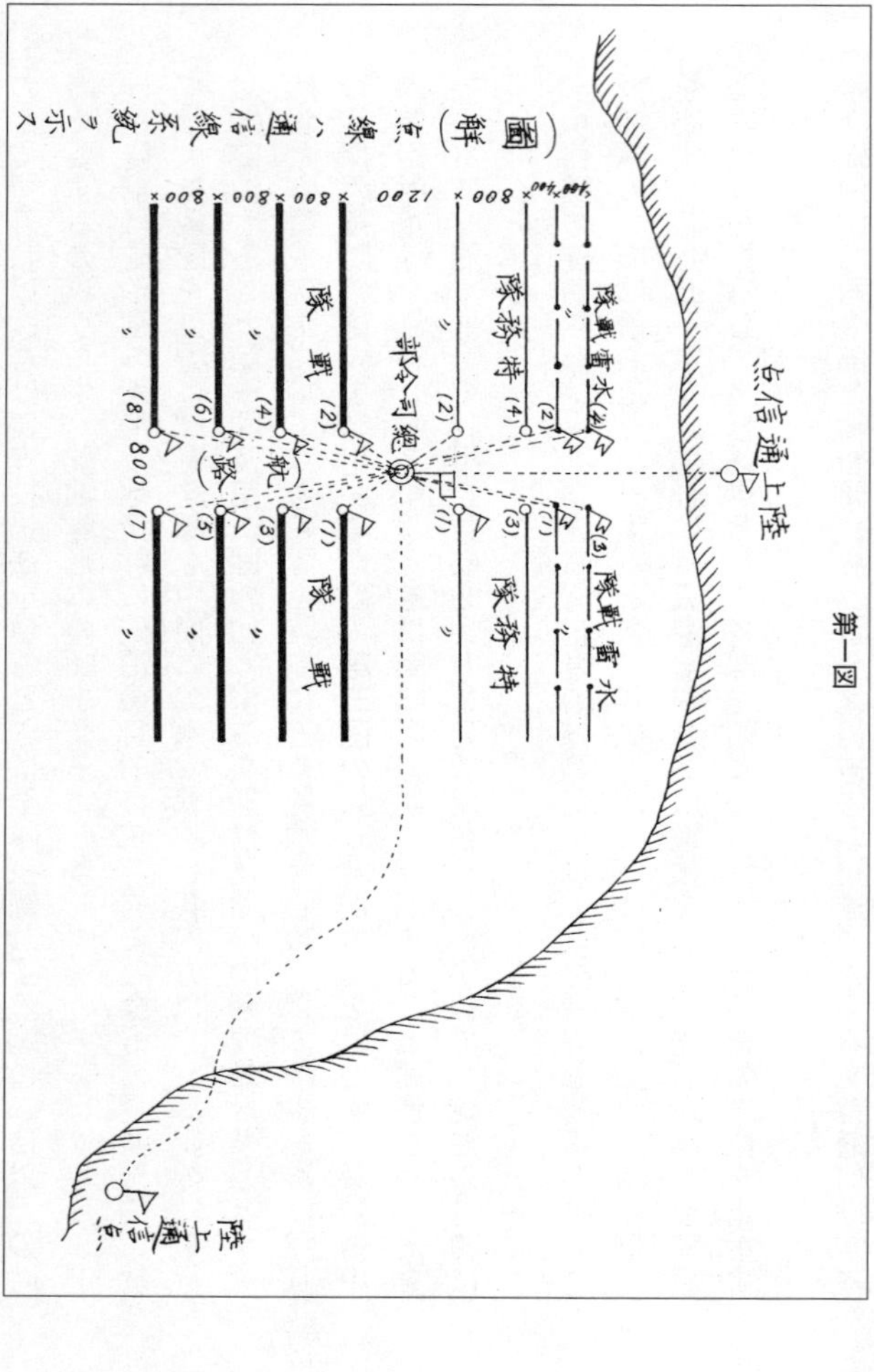
第一図
陸上通信点
司令艇
航路
水雷戦隊
特務隊
戦隊
図解
点線ハ通信系統ヲ示ス

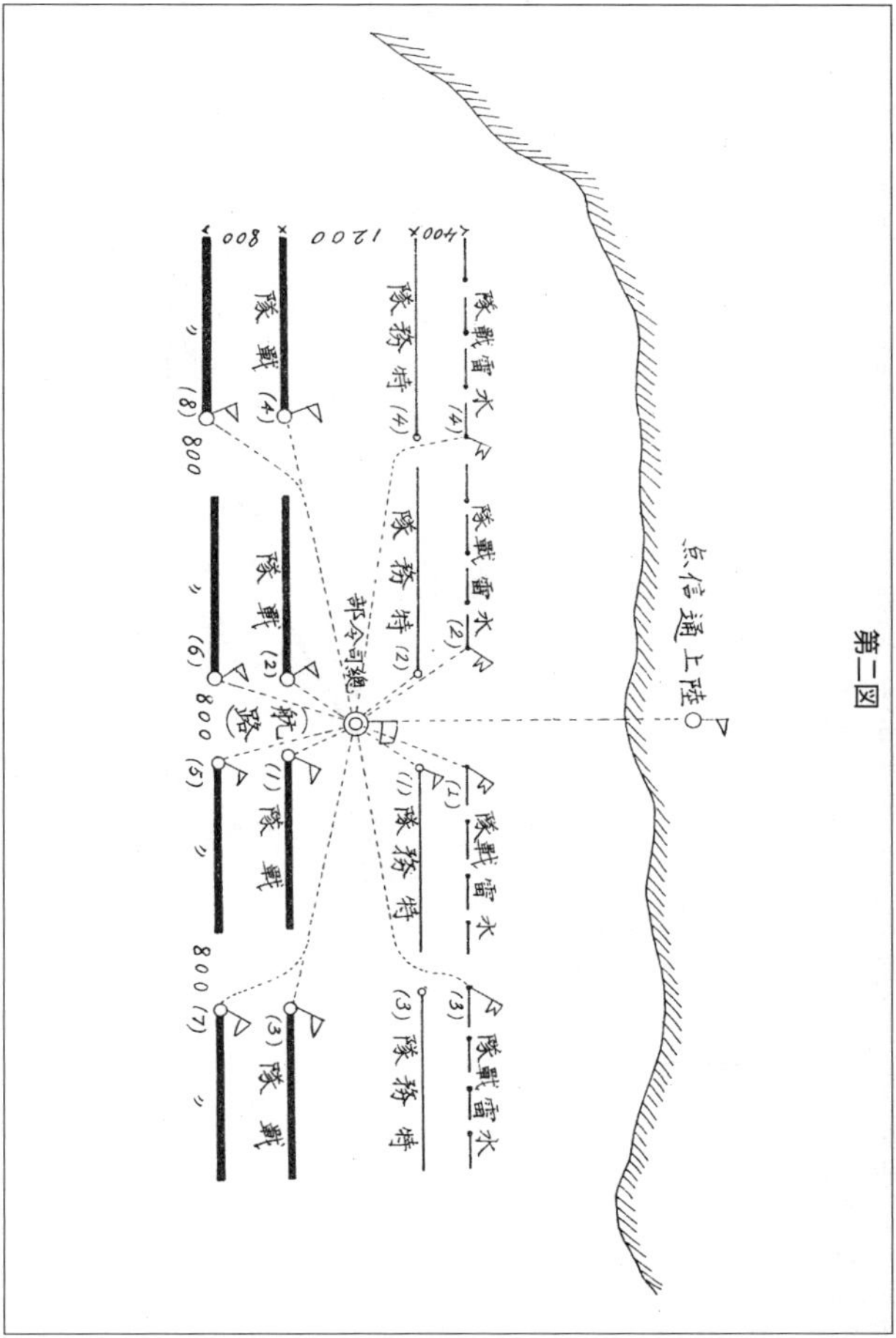
上陸通信点
総司令部
航路
水雷戦隊(1)
水雷戦隊(2)
水雷戦隊(3)
水雷戦隊(4)
(1)特務隊
特務隊(2)
(3)特務隊
特務隊(4)
(1)戦隊
戦隊(2)
(3)戦隊
戦隊(4)
(5)
(6)
(7)
(8)
800
1200
400

第二図

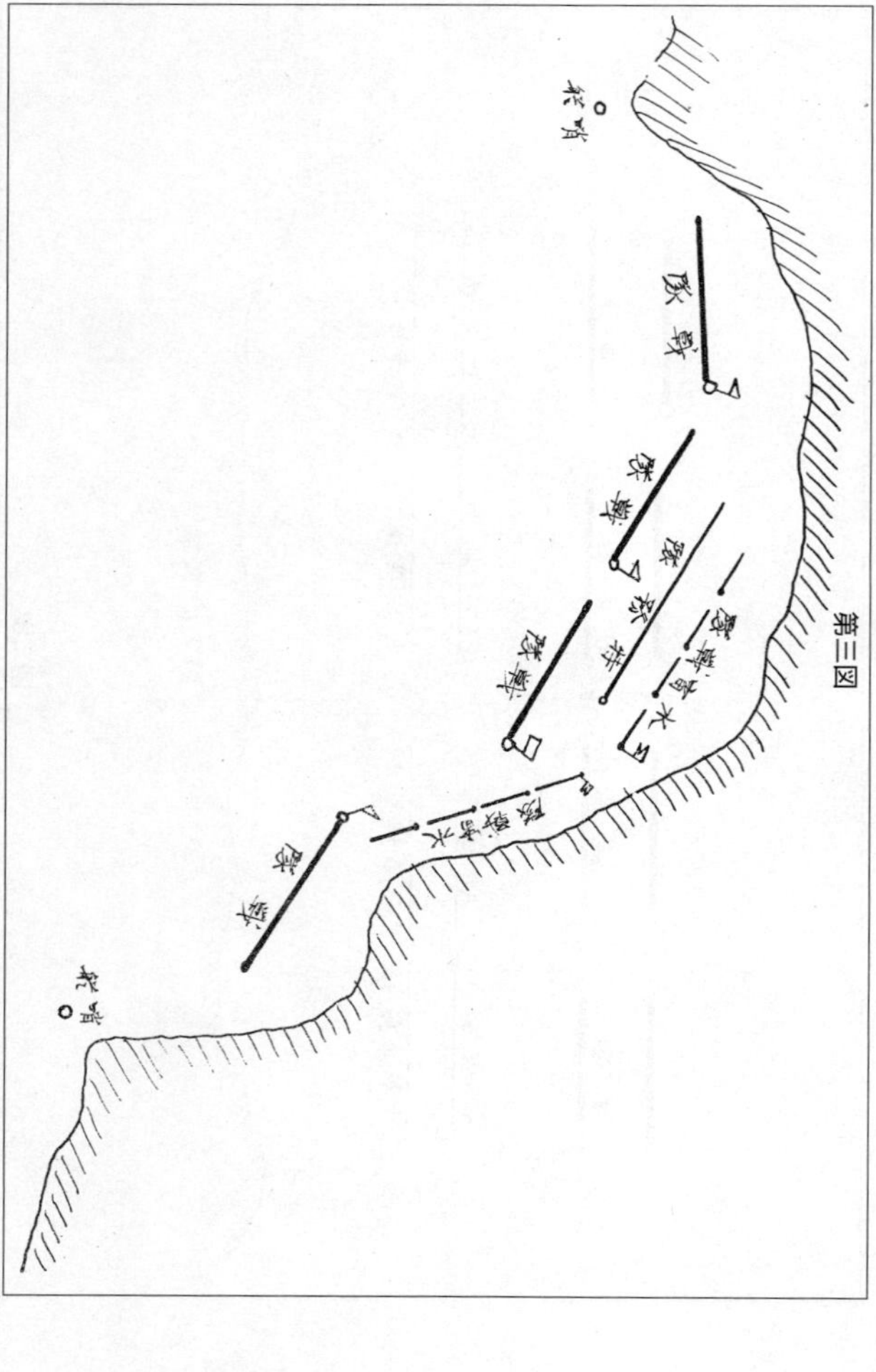

第三図

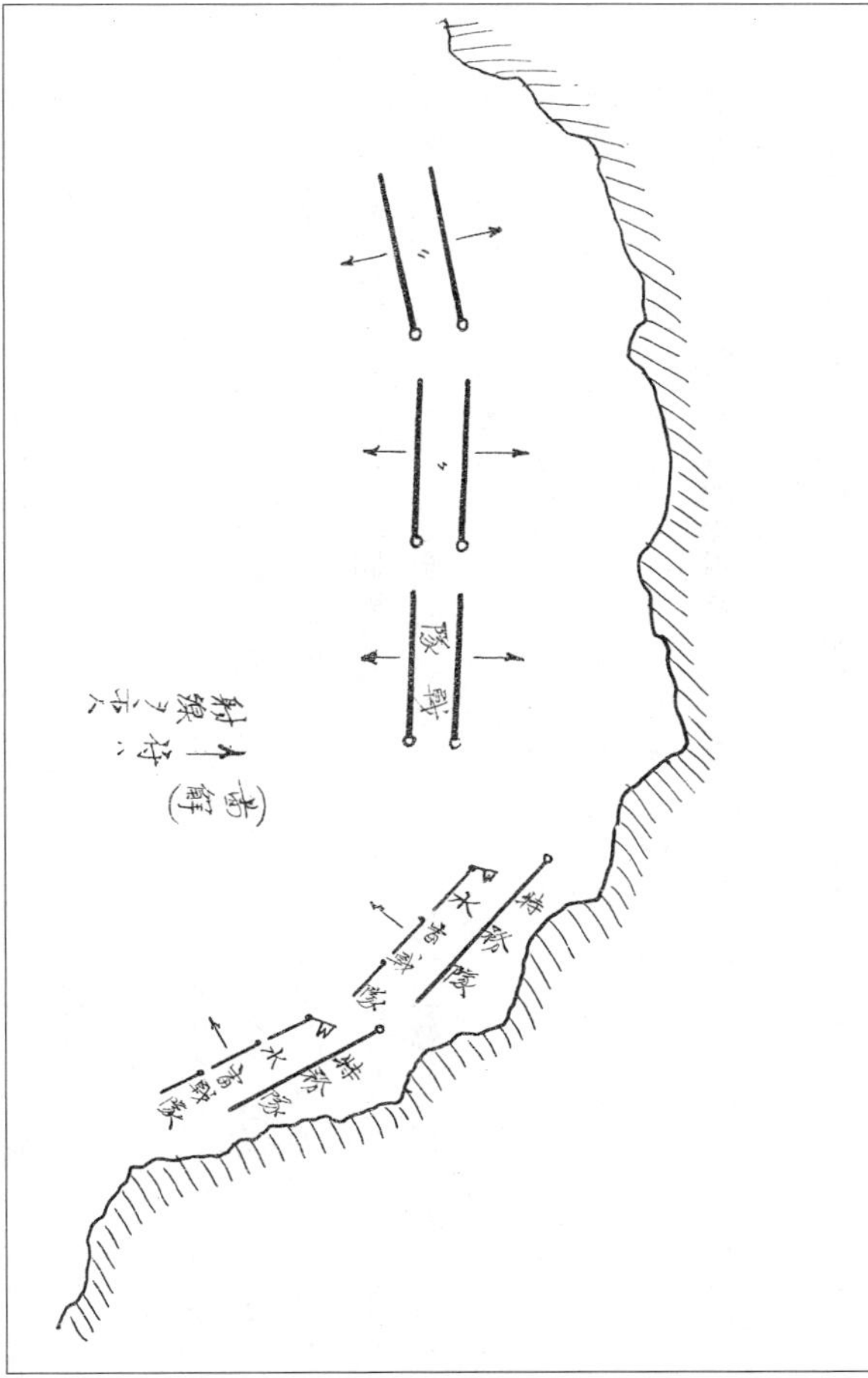

第四図

頻繁なるものなり。之れが為め各部隊には二隻宛の通信艇（水雷艇又は汽艇）を備ふるを要す。即ち其一隻は各部隊司令部と最高司令部間の往復に充て、他の一隻は各部隊の隊内通信に用ふるものなり。但し通信系統に幹線法を取るときは、前者は各部隊輪番交代を以て之を出すものとす。而て通信艇の発送期を定期及臨時の二種とし、定期通信艇は毎日午前八時、午後一時、午後六時の三回（通信頻繁ならざるときは之を一回に減ず）最高司令部に到着する如くし、又各部隊内の定期通信艇は前記の三回に一時間宛後れて、其旗艦を発するを可とす。此二隻の通信艇は已むを得ざるの外、之を混用せざるを要す。是れ緊急なる臨時通信の用を欠くことあるを以てなり。

実験に拠るに、適良なる隊形を以て碇泊するときは、前記の方法に依り、全軍を通して文書通信の送達に要する時間は大抵一時間を超ゆること無し。然るに水雷戦隊は其艦隻の多きと、自ら通信用汽艇を有せざるため、往々十二時間以上を費すことあり。故に水雷戦隊用として、各戦隊より汽艇を交代配附せしむるを要す。

又陸上との通信は各部隊時刻を定めて各箇に之を行ふものとす。而て最高司令部の旗艦は之れに要する専用の通信艇を備へ、且つ為し得れば特に陸上通信所と海底電線の連絡を取り、電報及電話の発受に用ふるを至便なりとす。

艦隊碇泊中無線電信は主として隊外の遠距離通信に使用さるゝが故に、隊内通信には之を用ひざるを例とす。

㈣艦隊碇泊中、艦船の給与は特務隊若は給与船隊司令官之を掌理し、各艦の要求に応じて各種軍需を配給するものなり。故に艦隊司令部は唯だ給与の方法、配給の順序、時期及時限等を指定するを以て足れりとす。而て之を配給するには、水雷戦隊の外、需要艦船を動かすことなく、給与船を動かして逐次之れに横着せしむるを簡便にして且つ迅速なりとす。尚ほ給与の方法等に就ては之を後章に詳記す。

㈤艦隊碇泊中艦船各箇の行事亦多々之れあるべし。艦隊司令部若し其区処を忽にするときは、往々艦々の事業相衝突して其進行を阻害することあり。故に予め各隊若は各艦の作業予定表を制定し其日限、場所、事業等を指示するを要す。特に泊地附近に於て艦砲射撃、水雷発射又は速力試験等を行ふ場合に於て然りとす。此の如き要求に応ずるため、艦隊司令部は予め泊地附近の海面を第五図に示すが如く、適当の数区に分ち、臨時其作業地区を指定するを便なりとす。

○以上は凡て一地に於ける大部隊の集団碇泊に就きて、其方法を説明せるものなり。然れども部隊の兵力多大にして泊地之を容るゝ能はざるか、或は任務上特に其必要あ

第五図

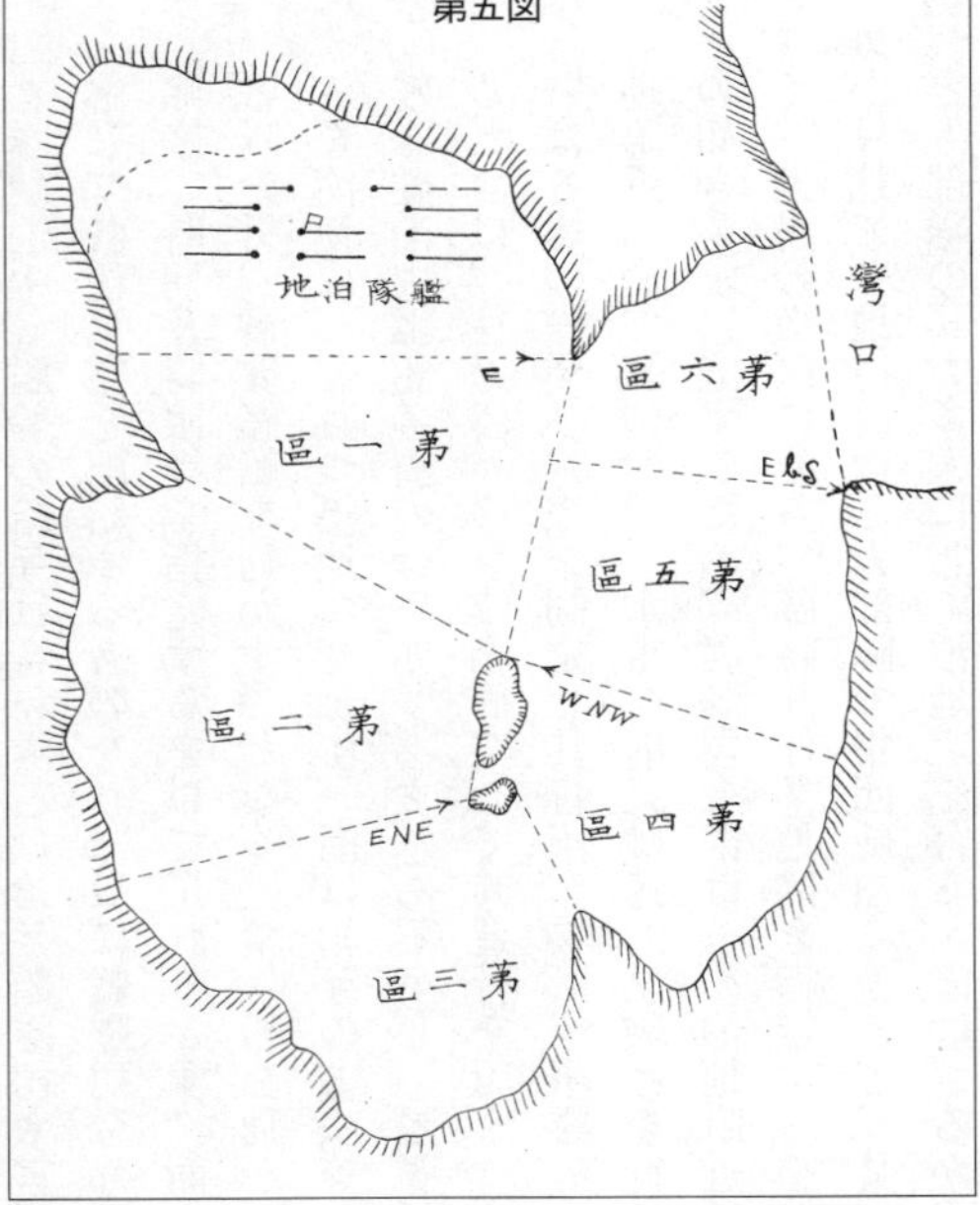

るときは、二地に分離碇泊をなさしむることあり。此場合に於ては予め艦隊を区分して、各別の泊地に就かしめ、箇々本節の要領に準じて碇泊し、両地間の通信連絡を設備するものとす。

第六章　捜索及偵察

第一節　捜索及偵察の要義

○捜索とは所在未知の敵を探索するを謂ひ、偵察とは所在既知の敵情を偵知するを謂ふ。

凡そ作戦の攻勢なると守勢なるとを問はず、敵に対し有利の戦勢を制せんと欲せば、必ず先づ敵の所在及其兵力幷に敵の隊制及其動静等を予知せざる可らず。捜索及偵察は此要求に応ずる戦務にして、前者は主として敵の所在及兵力を知るを目的とし、又後者は敵の隊制及動静等を知るを目的とし、各其方法を異にす。然れども之を実施するに当りては、両者往々相連続混合することあり。例ば捜索の任務を有する一部隊が捜索列を展張して索敵中、敵の主力を発見し得たりとせんに、捜索の目的は此時を以て達せられたりと雖も、尚ほ爾後の敵情を偵察せんがため、其儘敵と触接を保持して偵察任務を続行することあり。或は又敵情偵察中日没等に際し敵影を見失したるため、更に翌朝より捜索に従事することあり。故に捜索及偵察の其目的及方法を異にすと雖も、其実施上に於ては密接の干繫を有するものなり。

作戦に際し、他部より得たる諜報若は情報等に依り、敵の所在及其動静等較《や》や審《つまびら》かなる場合に於ても、尚ほ其捜索及偵察を怠る可らず。何となれば爾後に於ける敵情の変化知る可らざればなり。故に偵察隊等は往々戦闘開始の際迄、敵と触接して其任務を継続し、直に其戦闘に参加せざる可らざることあり。

○捜索及偵察には高速なる二等若は一等巡洋艦を使用するを例とす。是れ其耐海力、航海力及速力を以て能く荒天に耐へ、敏速に遠距離に行動し、且つ其威力に依り敵の妨害を排除し、其任務を遂行し得るを以てなり。然れども、主隊の附近に於ける近距離の捜索及偵察には、通報艦若は駆逐艦等を代用することあり。而て特に偵察に於ては、少くも弐艦以上より成る一隊を使用するを可とす。是れ敵情の変化に応じて、或は二艦各分離の行動を取り、又は其一艦を主隊に帰報せしむる等の便あるのみならず、常に二艦相互の掩護《えんご》に依り、其任務を敢行するの意志を強固ならしむるを以てなり。

此等偵察隊長若は艦長は可成的観察力、判断力に富み、且つ沈着剛毅の資質あるものを撰むを要す。然らざれば往々敵情の観察及判断を誤り、率て作戦上の齟齬を来たすのみならず、優勢の敵に遭遇して危急なる場合等に当り、其措置宜きを得ず、為に不慮の過失を招くことあるべし。

○凡そ指揮官其部下に捜索若は偵察を行はしめんとするときは、須く左記の諸要義に留意せざる可らず。

一、捜索若は偵察すべき敵の主目標を明示するを要す。

（註）目標明かならざれば屢々敵の偵察隊等の行動に誘惑せられ、或は定位置を離れて無要の方面に索敵し、又は主要の敵と触接を断ちて無要の敵に追躡し、以て指揮官の所望に添はざることあるべし。故に例ば「敵の主戦隊を発見する迄捜索列の定位を離る可らず」或は「敵の巡洋艦戦隊に触接して終始其動静を偵察すべし」と言ふが如く、目標を指示せざる可らず。

二、捜索若は偵察に従事すべき時限を示し、帰合又は集合の時刻及地点を予定するを要す。

（註）此制限なきときは、捜索若は偵察隊は各自任意の行動を取り、遂に全く主隊との連絡を失ひ、必要の際之を合同すること能はざるべし。固より敵情の如何に依り、予定の如く帰合し得ざることあるも、尚ほ是に依りて情況に異変あるを察知し得るの利あり。

三、主隊爾後の行動を予示するを要す。

(註) 捜索若は偵察隊帰合の時刻予定しあるも、尚ほ之れに先ち若は後れて緊急の敵情を発見して、独断其予定を変更するか、或は主隊の方面に異変ありて、其召還を要することあり。此の如き場合に際し主隊の行動を予知するときは捷路を経て迅速に之れと会合するを得べし。

四、遠距離の捜索若は偵察には別に通信中継艦を派出するを要す。

(註) 無線電信の通達距離以外に遠く離れて、捜索若は偵察せしむるときは、敵情の通信著しく遅達するのみならず、捜索若は偵察隊は往々敵と触接して離る可らざることあり。此の如き場合に於ける通信中継艦の効用頗る大なり。

○又捜索及偵察に従事する隊若は艦は其任務を遂行するに当り、左記の諸要義を服膺せざる可らず。

一、指示されたる任務の主目標以外の敵に誘惑牽致されざるを要す。

(註) 我が捜索若は偵察に対し、敵も亦陽動虚撃等を行ひ、以て我が観察を錯乱し判断を困難ならしむるものなり。此の如き場合に処するには目標を固持するを最良の手段とす。

二、戦闘の用意あると同時に漫りに交戦せざるを要す。

(註) 威力を以て敵の妨害を排除し其任務を果さんには、須く戦闘の用意無らざる可らず。然れども、漫りに交戦するときは遂に中止す可らざる干繫を生じ、為に我主隊を煩はし、往々時機に先ち本戦を惹起することあり。

三、我が主隊の所在行動を隠蔽するを要す。

(註) 捜索及偵察艦等の行動は敵情を知らんと欲して、却て敵に我が企図を知らしむることあり。故に敵に近づき又は之れに遠ざからんとするときは、可成的偽路を執るを可とす。但し敵を我が主力の方向に誘致せんとするときは此限にあらず。

四、不確実なる敵情報告を濫発せざるを要す。

(註) 捜索若は偵察艦が倉卒に瞥見せる処を即報するときは、幾《いくばく》もなく敵情変化して、更に之を取消し又は改正せざる可らざるに至る。而かも其報告が無線電信に依り通信中継艦等を介して、逓伝さるゝ場合には、之れに伴ふ通信の混雑甚しく、虚報遂に実となりて各所に達することあるべし。故に捜索に於ては能く敵の兵力、兵種を確かめ、又偵察に於ては敵の動静、進退に注意し、略ぼ確実なる判断を得るに及んで発報するを可とす。

○前記する処の外、捜索及偵察の計画実施に関し、尚ほ多少の要義あるも、其方法と共に凡て之を後節に記入す。

第二節　捜索の種別及方法

○広寞たる海洋に所在未知の敵を捜索発見せんとするには、必ず其方法無らざる可らず。現時海上捜索の方法に二種あり。捜索列及捜索弧を以てするもの是れなり。

捜索列の方法は若干の捜索艦を適当の距離に並列し、之を移動若は静止せしめ、敵が其列中を通過せんとする際之を発見するものにして、其移動するものを移動捜索列と謂ひ、静止するものを静止捜索列と謂ふ。又其列が直線なると曲折せるとに依り、直列又は曲列捜索列と称別す。

捜索弧の方法は敵の発動したる時刻及地点、若は其到達すべき時刻及地点を予知し、敵の想定速力に基き、捜索艦をして之れに会する如く弧線を航進せしめ、以て敵を発見せんとするものにて、敵の発動に対して其外方に行ふものを外方捜索弧と謂ひ、敵の到達に対して其内方に行ふものを内方捜索弧と謂ふ。

○捜索列及捜索弧の二法は各利害得失ありて、時の要求に応じて其何れかを適用すべきものなり。乃ち左に両法の利点を列記す。

捜索列の利点

一、比較的に捜索艦を分散せずして、友艦相互の連繫を保持し得ること
二、比較的に捜索艦の高速力を要せざること
三、比較的確実に一定の海面を捜索し得ること
四、敵の発動若は到達の時刻及地点等を予知するを要せざること

捜索弧の利点

一、比較的多数の捜索艦を要せざること
二、比較的大海面を捜索し得ること
三、敵の進行方向不明なる場合にも応用し得ること

前記の利害は全く相反すと雖も、時と場合に準ひ其応用に適否ありて、両法共に偏廃す可らざるなり。例ば敵の来るべき海峡等に施すには捜索列を可とすれども、洋中に於て一度触接を失し其踪跡不明なる敵を再索せんとするには捜索弧を便利とするが如し。然れども、捜索弧は敵の発動若は到達時刻及地点を予知せざる可らざるの必要ある為め、捜索列に比して其応用の機会較や少し。之を要するに、使用し得べき捜索艦多数にして捜索面大ならざるときは捜索列を撰むを確実とし、然らざれば捜索弧を撰むを宜しとす。以下順次に二法の形式を説明す。

㈠捜索列

○移動捜索列の正式は第一図に示すが如く、当時の天候に於ける視界圏に応じて、所要の捜索面の幅員を塡充するに足るべき、若干隻の捜索艦を一線に並列せしめ、之を並頭に前進せしむるものなり。而て捜索艦の並列距離は視界圏の直径より五浬を減じたるものを撰むを通則とす。是れ風潮等の外感に依り列艦の変位に対する余裕を存する為めなり。故に所要捜索艦の隻数は左の算式に依り計算することを得、

$$n = \frac{W}{2R - 5}$$

n……捜索艦の隻数
W……捜索面の幅員
R……視界半径

此視界圏は固より天候に依り消長すと雖も、実験に拠るに、晴天の日檣楼より敵の巡洋艦以上に対する視界半径は十五浬以上に達す。（図上演習規則艦船視界表参照）即ち五隻の捜索艦を以て百二十五浬の幅員を捜索し得るなり。

移動捜索列の前進速力には定限あること無く、唯だ捜索面の縦長に応じて適宜の速力を撰めば可なり。然れども、捜索列の線位を保持するため、通常四時間を隔て、時刻線を横劃し、之を午前八時線、正午線若は午後四時線等と称し、此時刻線に違《たが》はざる如く、各捜索艦の速力を調整せしむるものとす。

第一図

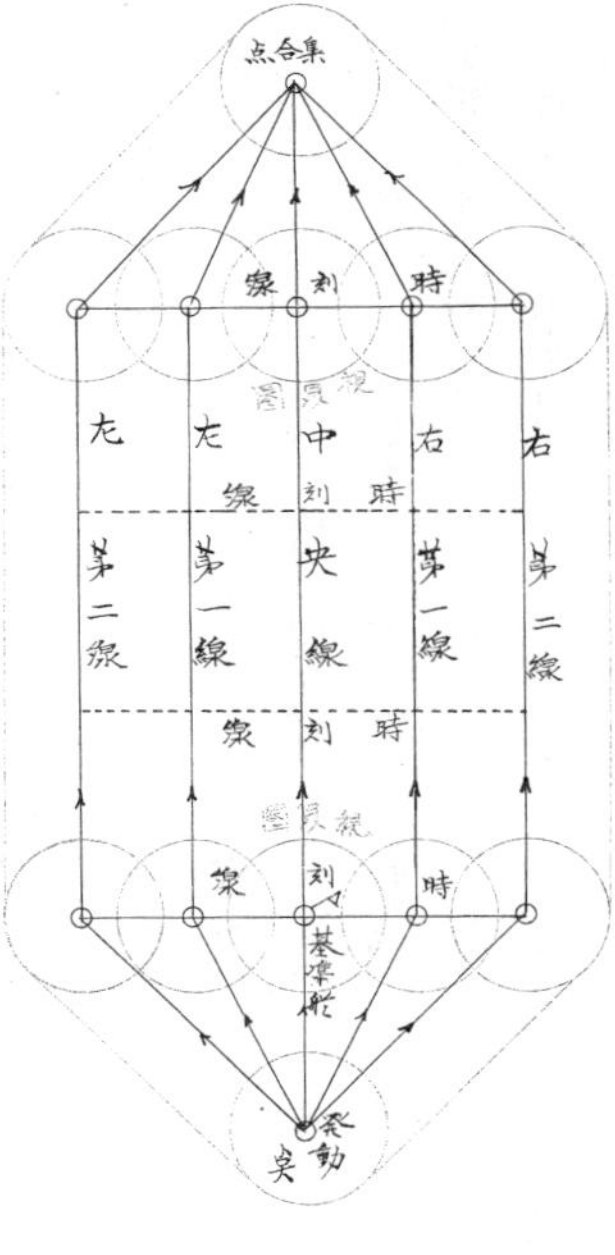

若し又一定の海面に於て敵を待つの場合等には日没時迄に捜索列を捜索面の前端迄前進せしめ、次で日没時より其正面を反転し、敵の想定速力より較や大なる速力にて発動線に向ひ反航せしめ、更に翌朝日出時より前日と同一の前進運動を執らしむ。斯くの如くすれば、敵若し夜中捜索面に入り来りて捜索艦の視界に触れざるも、尚ほ翌朝に至り之を発見し得るなり。而て敵の来るべき時期不明なるときは、連日之を反覆せざる可らず。此反航速力は大抵敵の想定速力に一節を加ふるを以て足れりとす。是れ日没時に於ける前方の視界に約十五浬の余地あるを以てなり。

○静止捜索列は捜索列を移動せしめずして、唯だ一所に漂泊停止せしむるに過ぎず。但し敵の夜間通過に対する為め、其一夜航程を隔てゝ、二重の捜索列を展張せざる可らず。故に移動捜索列に比して二倍の捜索艦数を要す。

静止捜索列の利とする処は、主として消炭の節約に存し、従て長時日の服務を続行し得るにあり。然れども亦二倍の捜索艦数を要するの不利あるを免れず。且つ風潮のため捜索列の線位を変じ易きを以て、常に一艦を列線に添ふて巡航せしめ、各捜索艦の位地を正だすの必要あり。

○曲列捜索列は其移動するものと静止するものとを問はず、単に其列線を前方に屈曲せしむるの外、凡て直列捜索列の形式に異る処なし。第二図は則ち曲列捜索列の正式を示すものなり。此屈曲の角度は左右四十五度を通則とすれども、必要に応じ適宜之を変ずることを得。

曲列捜索列は敵の速力我が主隊のものに優るか、或は或主隊の位置捜索列に近接せる場合等に応用するものにして、敵を捜索列の端末に発見したるとき、我主隊をして之れと会戦するの余裕を得せしむるものなり。然れども捜索列の後方に於ける我主隊の距離遠隔せるときは、常に直列捜索列を取るを可とす。

○捜索面陸岸に接して、其地形不規則なるときは、前記の如き正式の捜索列を施すこと難し。此の如き場合には、第三図に示すが如く、臨時地形に応じて捜索線を劃定するものとす。而て時刻線を横劃して捜索の前進歩度を調整する等、凡て正式の方法に異る処無し。

○凡そ艦隊捜索列を展張して索敵するに当り、敵と会戦を期するときは、其主隊は捜索列の後方中央線上に於て、捜索列全長の二分の一、(例ば捜索列を百浬とせば五十浬)の位地に占位し、捜索列と運動を共にするを通則とす。但し時の必要に応じ、之を四分の一迄短縮することを得。是れ敵が捜索列の端末を通過したる際、其距離著しく遠

第二図

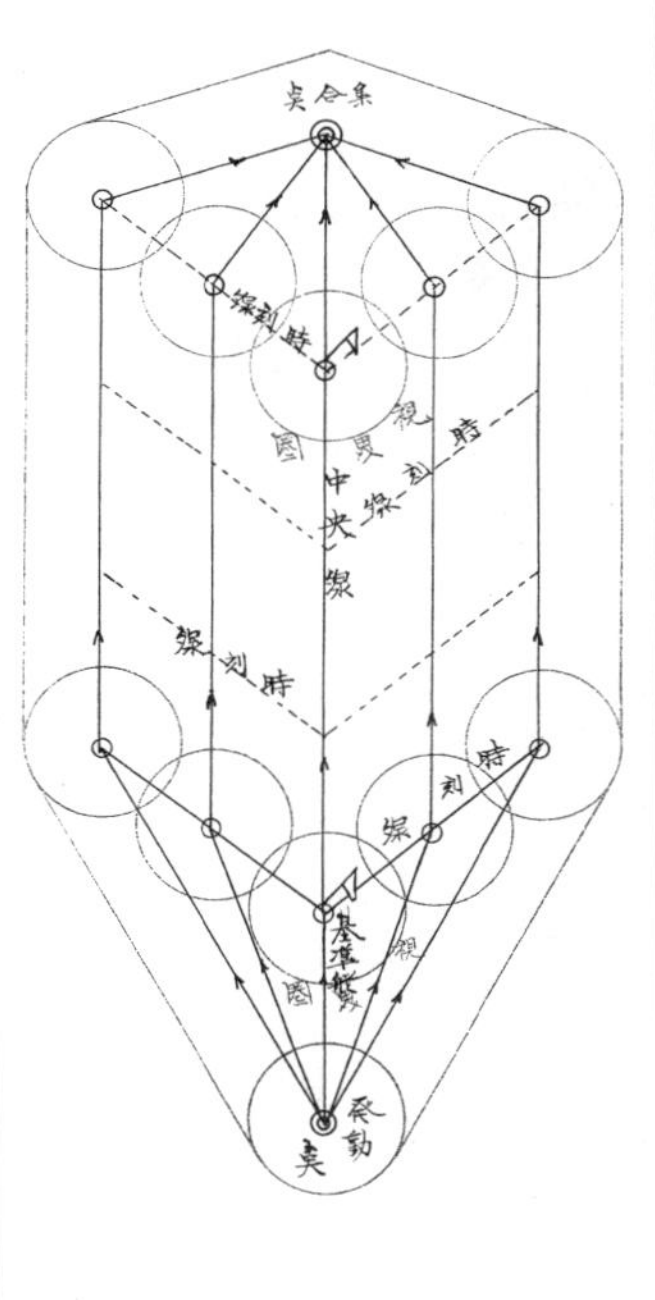

隔し、為に日没前に会敵の機会を失するの虞あるを以てなり。

㈡捜索弧

○外方捜索弧の形式は第四図に示すが如き数理に基きて構成さる丶ものなり。今某時刻に於て、A地点に在りたる捜索目標の敵艦隊が何れの方向にか進行したるの情報を得たりと仮定せんに、捜索艦は先づ敵がA地点よりB_1地点の方向に進行したるものと想定し、敵の想定速力に準じて、敵と同時にB_1地点に到達する如く急航し、此処に敵を発見せざれば、敵は必ず他の方向に進行せるものなるが故に、図示の如く直にB_2に向て進み、更にB_3、B_4、B_5と順次に弧線を彎航し、敵を発見する迄之を継続してC点に到る。捜索弧とは即ち此弧線の謂ひなり。此B_2、B_3等の地点は

第三図

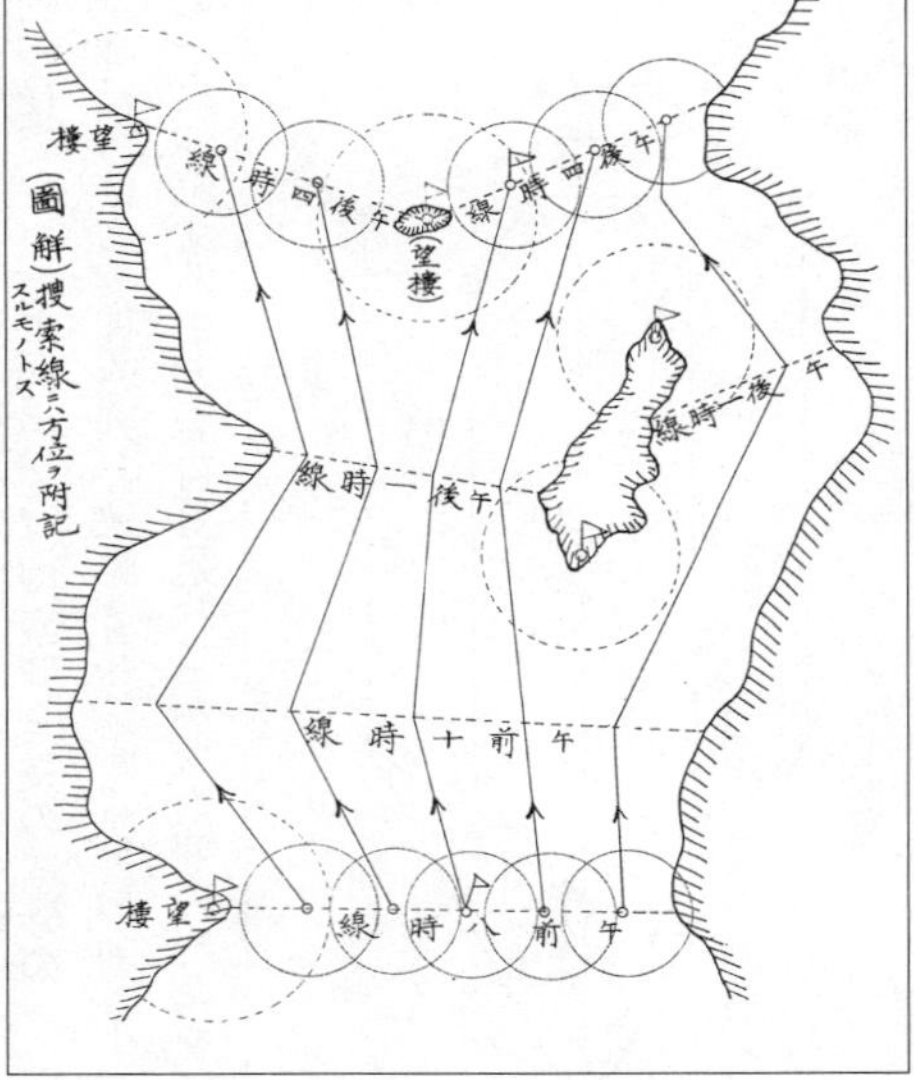

捜索艦の発作し得る速力に依り定むるものにして、各地点間の航過時間は通常一時間、とす。但し時宜に依り之を二時間若は三時間とするも可なり。

此捜索法は敵の発動時刻及速力確実に予知せられざるか、或は其発動後長時間を経過せるときは、仮令視界帯の余地を存するも、確実に敵を発見すること難し。然れども、一度触接を失したる敵を再索せんとするか、或は敵の発動若は通過に就き確実なる情報（望楼等よりの）を得たる場合等には屢々能く其効を奏す。

第四図

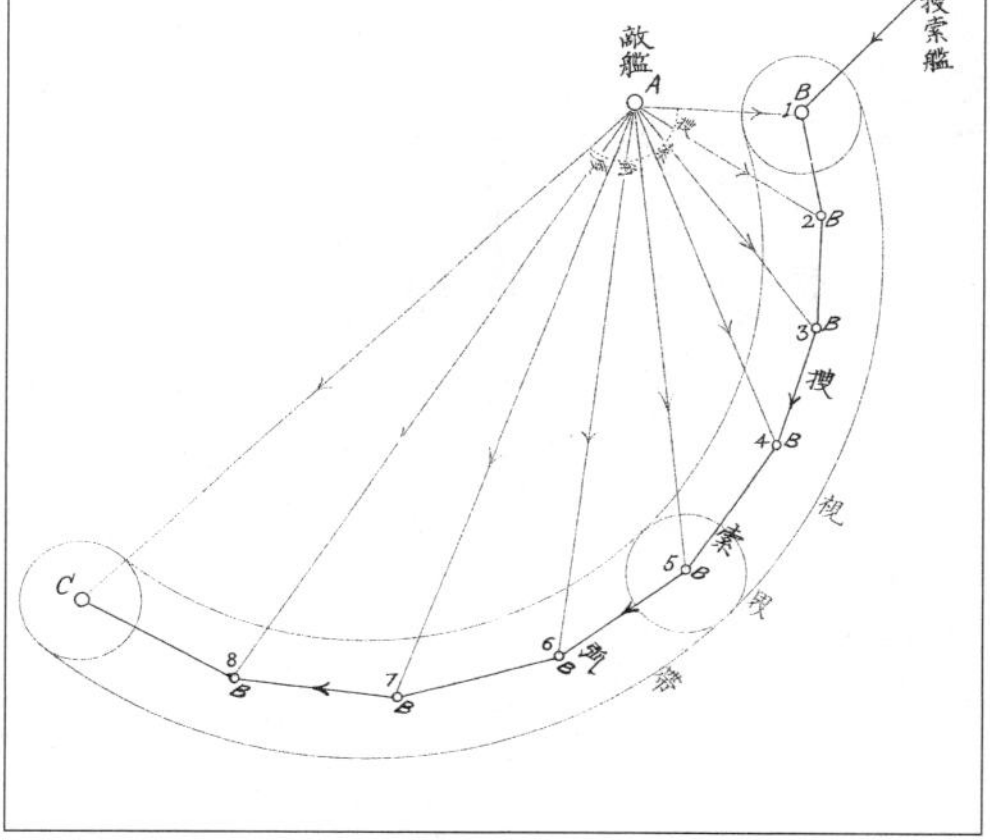

○**第五図**及**第六図**は捜索弧応用の変化を図示せるものなり。即ち第五図は三隻の捜索艦を三方面に分派して大角度の捜索を行ふ場合を示し、又第六図は多数の捜索艦を以て、短時間に索敵の目的を達せんとする場合を示すものにして、宛《あた》かも捜索弧に捜索列を加味したるが如し。

又第七図乃至《ないし》第九図は予知さるべき敵の発動時刻及其想定速力不確実なる場合に応用するものにして、何れも図解を附せるを以て茲に其説明を省略す。

○内方捜索弧は第十図及第十一図に示すが如く、敵の到達時刻及地点と其想定速力に基き、宛かも外方捜索弧を内方に向ひ反対に施すが如きものなり。而て其応用の変化も概して外方捜索弧に異ること無し。然れども、将来に属する敵の到達時刻及地点等を予知すること頗る難きが故に、其応用の機会は極めて少し。

○凡そ艦隊指揮官捜索弧を以て索敵せんとするときは、各捜索艦に左の事項を命令せざる可らず。

一、敵の発動地点及時刻（内方捜索弧にては到達地点及時刻）

二、敵の想定速力

三、捜索発動地点

四、捜索方向（右方若は左方）及捜索角度（一艦六十度を超へざるを度とし、之を点数にて示す）

五、捜索終結の時刻若は地点

（備考）若し此指令なきとは、捜索艦長任意に之を定むるものとす。故に少くも捜索発動地点及終結時刻を指示するを要す。

第五図

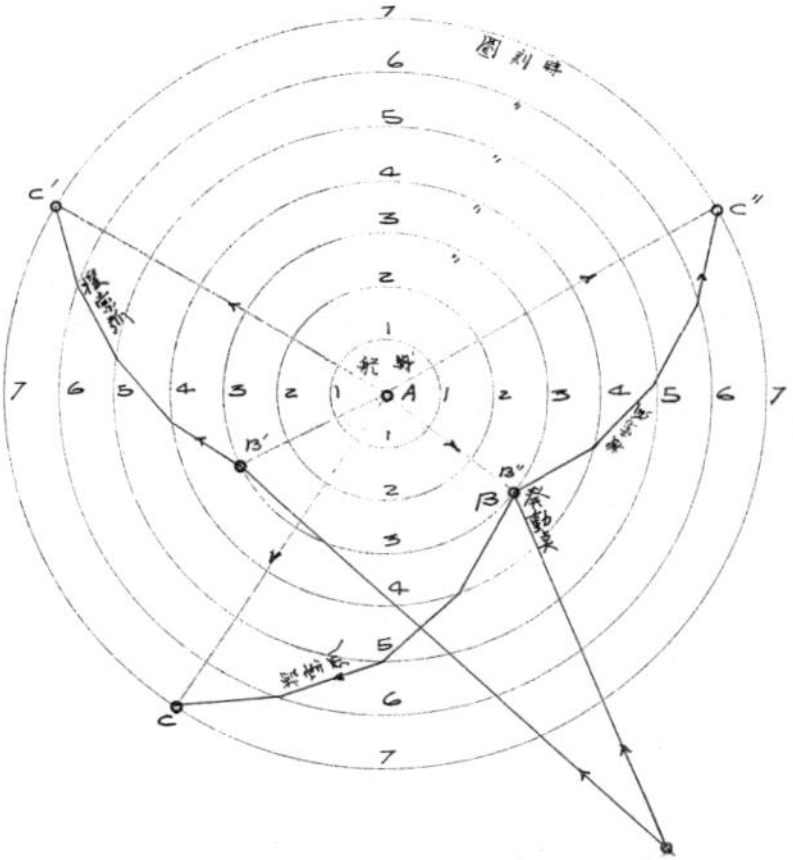

第六図

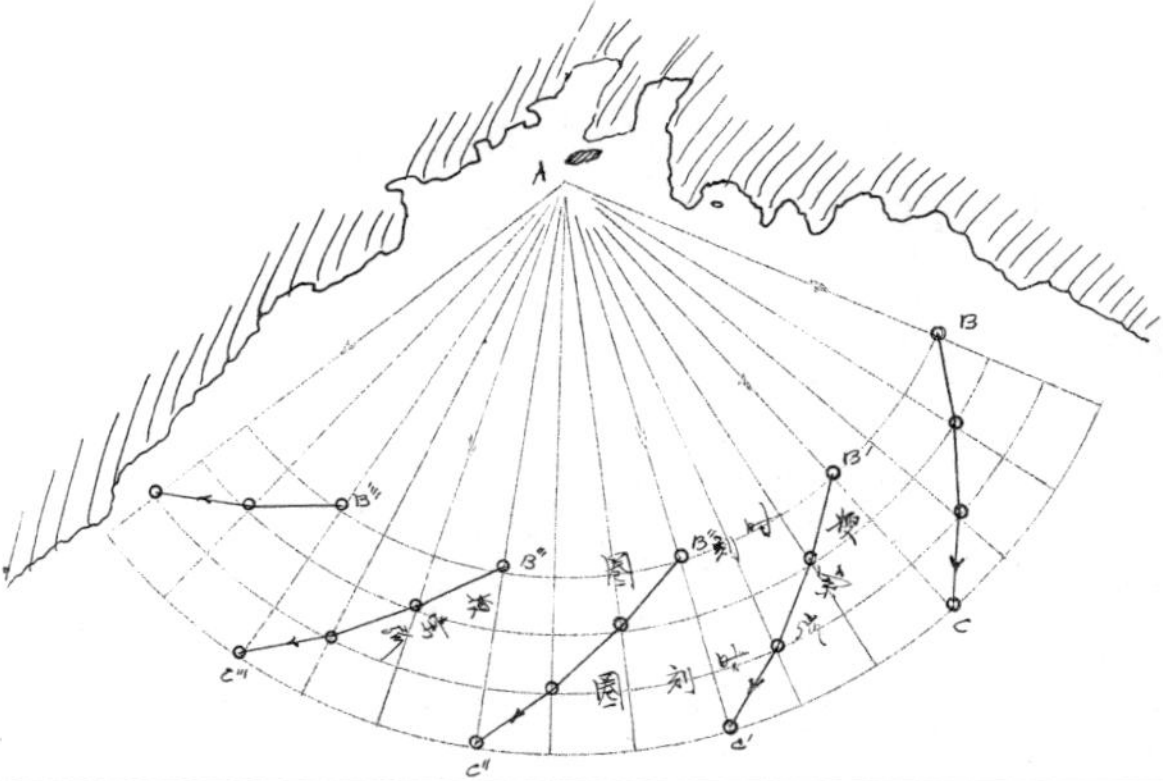

第七図

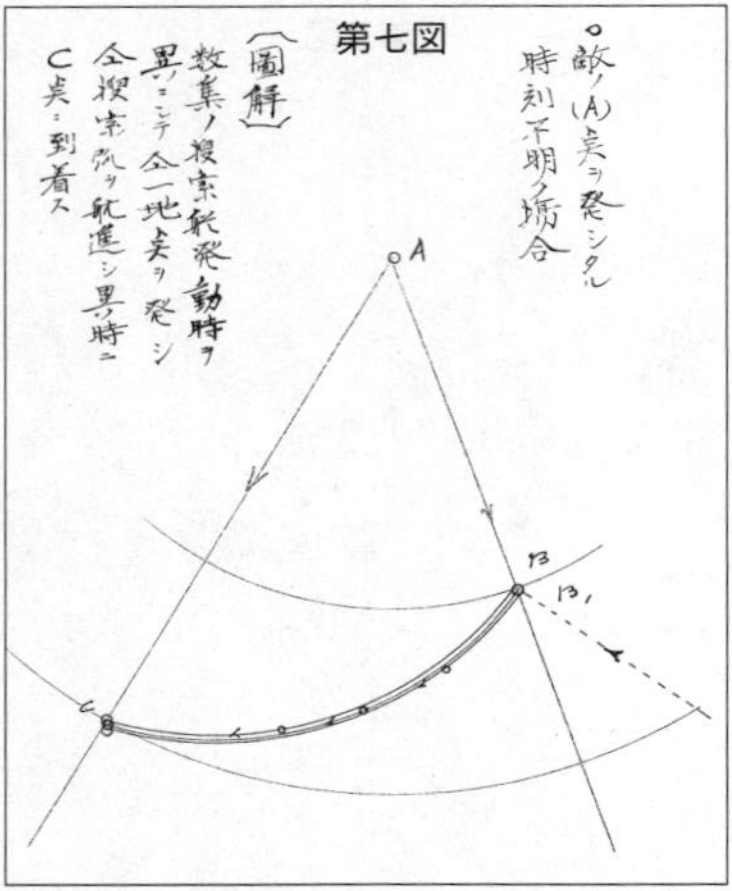
○敵ノ(A)点ヨリ発シタル時刻不明ノ場合
〔圖解〕
数隻ノ捜索航発動時ヲ異ニシテ仝一地点ヨリ発シ仝捜索弧ヲ航進シ異時ニC点ニ到着ス
A
B
B'
C

第八図

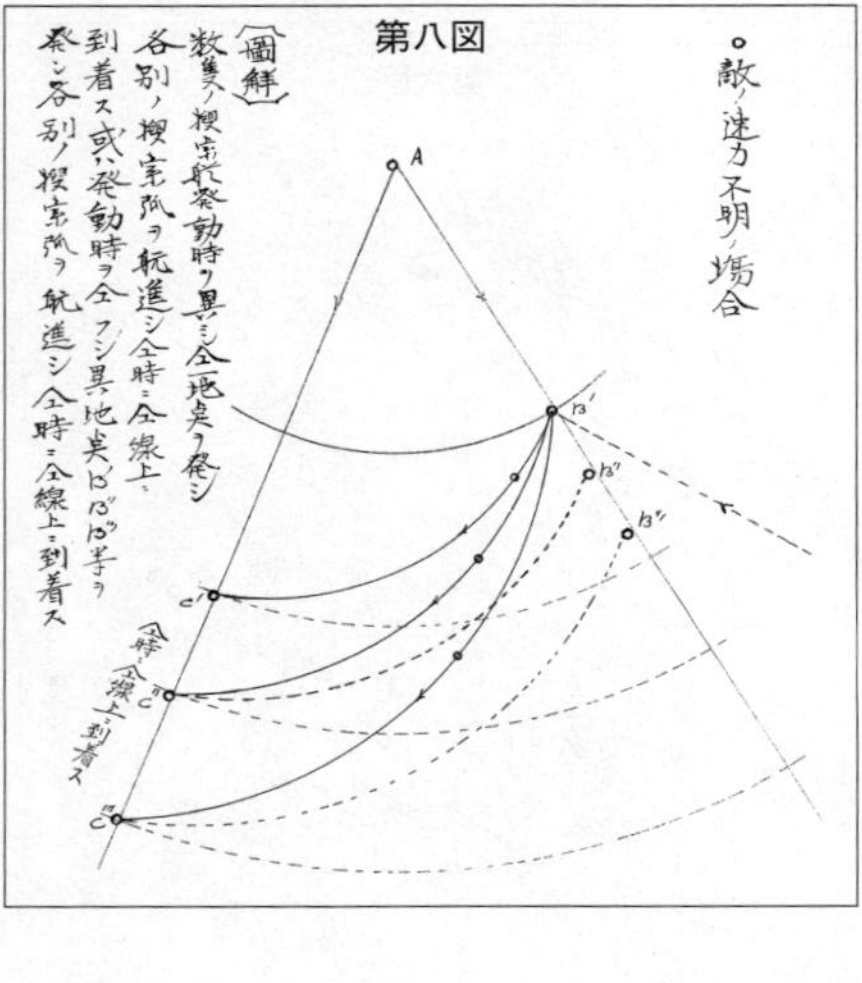
○敵ノ速力不明ノ場合
〔圖解〕
数隻ノ捜索航発動時ヲ異ニシ仝一地点ヨリ発シ各別ノ捜索弧ヲ航進シ仝時ニ仝線上ニ到着ス或ハ発動時ヲ仝フシ異地点B B' B''等ヨリ発シ各別ノ捜索弧ヲ航進シ仝時ニ仝線上ニ到着ス
A
B'
B''
C'
C''
C'''
仝時ニ仝線上ニ到着ス

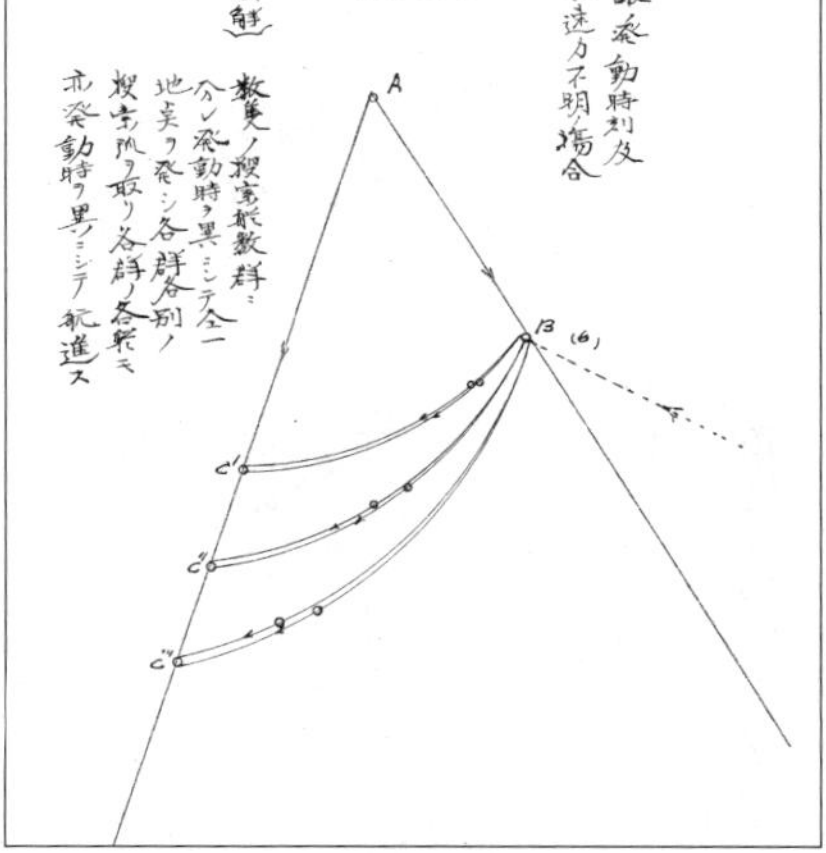
○敵ノ発動時刻及
其速力不明ノ場合
図解
数隊ノ捜索艇数群ニ
分レ発動時ヲ異ニシテ全一
地点ヨリ発シ各群各別ノ
捜索弧ヲ取リ各群ノ各艇モ
亦発動時ヲ異ニシテ航進ス
A
C'
C''
C'''

第九図

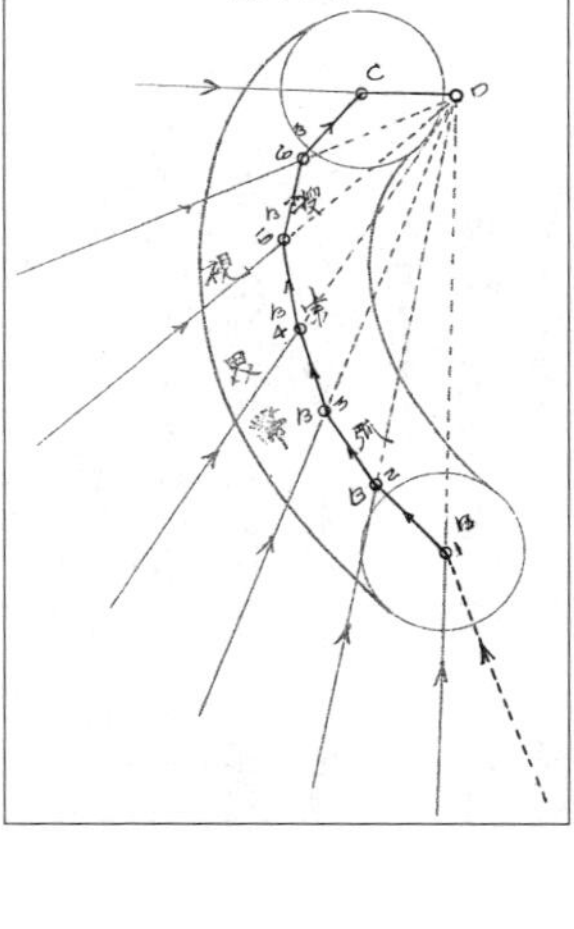
C
O
視界
捜索弧

第十図

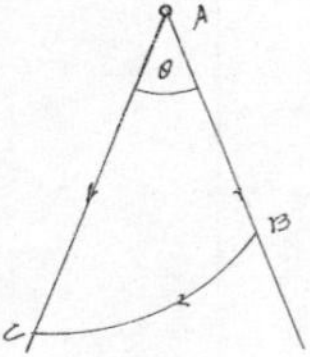

第十一図

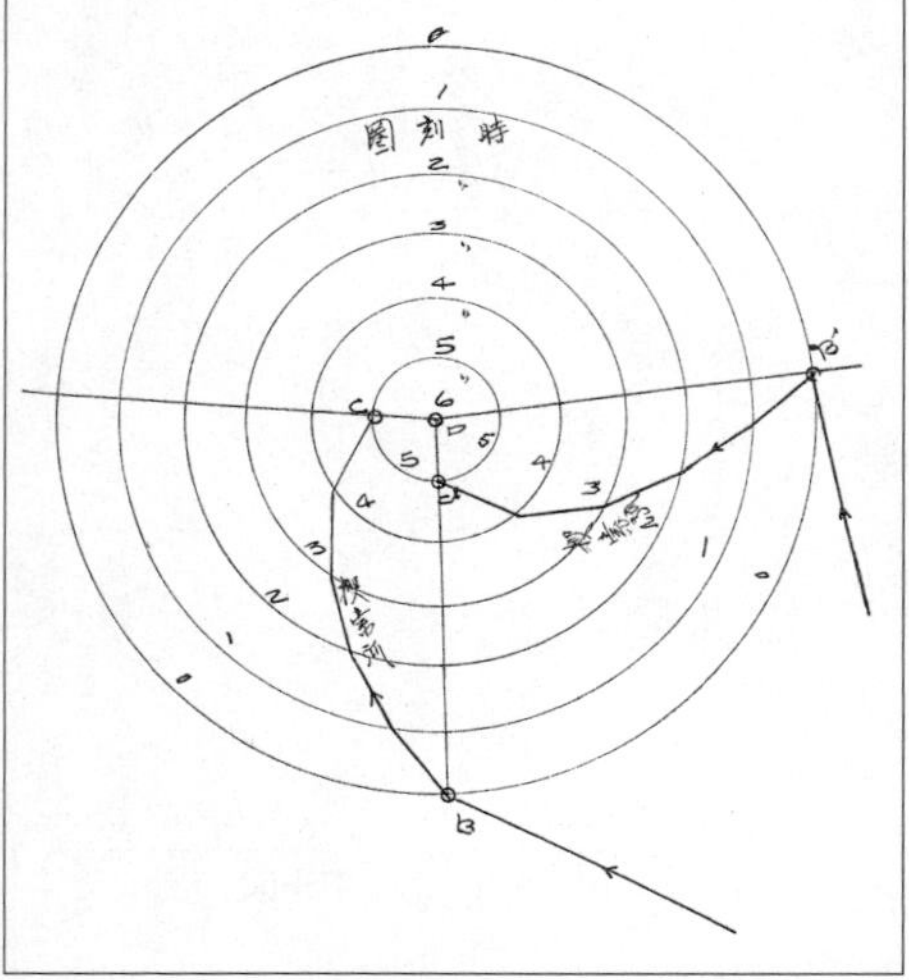

此等の捜索発動終結地点及捜索角度并に之れに対する捜索速力等は海図上に引画して、容易《たやす》く測度し得ると雖も、尚ほ捜索弧表（附表）を使用するときは之を即算するに便なり。此表は捜索角度、其両辺(AB)、(AC)の比例并に敵艦及捜索艦速力の比例の三元より成り、其内の二元を既知して未知の一元を得せしむるものなり。

又艦隊の主隊は先づ捜索弧の外方（内方捜索弧にては内方）捜索角度(θ)の中央線上適当の地点に直進し、捜索終結の際(AC)の延長線上に達する如く航進するものとす。但し捜索弧と主隊との距離は捜索角度の大小に準じて、適宜伸縮せざる可らず。

捜　索　弧　表

VALUE OF $\frac{\rho\theta}{\rho o}$

θ \ V / υ	1.1	1.2	1.3	1.4	1.5	1.6	1.7	1.8	1·9	2.0
1	1.038	1.026	1.021	1.018	1.015	1.014	1.013	1.012	1.011	1.010
2	1.078	1.053	1 042	1.036	1·032	1.029	1.025	1.023	1.022	1.020
3	1.119	1.080	1.064	1.054	1.048	1.043	1.038	1.035	1.033	1.030
4	1.162	1.108	1.087	1.073	1.064	1.057	1.052	1.048	1.044	1.041
5	1.206	1.137	1.110	1.092	1.080	1.072	1.065	1.060	1.055	1.051
6	1.252	1.167	1.133	1.111	1.097	1.087	1.078	1.072	1.066	1.062
7	1.301	1.197	1.157	1.131	1.114	1.102	1.092	1.084	1.077	1.072
8	1.350	1.229	1.181	1.151	1.131	1.117	1.106	1.097	1.089	1.083
9	1.402	1.261	1.206	1.172	1.149	1.133	1·120	1.110	1.101	1.094
10	1.455	1.294	1.231	1.193	1.167	1.149	1.134	1.123	1.112	1.105
11	1.511	1.327	1.257	1.214	1.185	1.161	1.149	1.136	1.124	1.116
12	1.569	1.362	1.283	1.235	1.203	1.181	1.163	1.149	1.137	1.127
13	1.629	1.398	1.310	1.257	1.221	1.197	1.178	1.163	1.149	1.139
14	1.691	1.434	1.338	1.280	1.241	1.214	1.193	1.176	1.161	1.150
15	1.756	1.472	1.366	1.302	1.260	1.231	1.208	1.190	1.173	1.162
16	1.823	1.511	1.395	1.326	1.280	1.248	1.223	1.204	1.186	1.173
17	1.893	1.550	1.424	1.349	1.300	1.265	1.239	1.218	1.199	1.185
18	1.965	1.590	1.454	1.373	1.320	1.283	1.254	1.232	1.212	1.197
19	2.040	1.631	1.484	1.397	1.340	1.301	1.270	1.246	1.225	1.209
20	2.118	1.674	1.516	1.423	1.361	1.319	1.286	1.261	1.238	1·221
21	2.199	1.717	1.547	1.448	1.382	1.337	1.302	1.275	1.251	1.233
22	2.283	1.762	1.580	1.473	1.403	1.355	1.319	1.290	1.264	1.245
23	2.370	1.808	1.613	1.499	1.428	1.374	1.336	1.305	1.278	1.258
24	2.461	1.856	1.647	1.526	1.447	1.393	1.353	1.321	1.291	1.260
25	2.555	1.905	1.681	1.553	1.470	1.413	1.369	1.336	1.305	1.283
26	2.653	1.954	1.717	1.581	1.493	1.432	1.387	1.352	1.319	1.296
27	2.755	2.005	1.753	1.608	1.516	1.452	1.405	1.367	1.333	1.309
28	2.860	2.057	1.790	1.638	1.539	1.472	1.423	1.383	1.348	1.322
29	2.969	2.116	1.827	1.667	1.564	1.493	1.441	1.399	1·363	1.336
30	3.082	2.166	1.866	1.696	1.588	1.514	1.459	1.415	1.388	1.349

υ：敵艦速力　V：捜索艦速力　ρθ：AC　ρo：AB

第三節　偵察の種別及方法

○海上に於ける偵察方法に三種あり。一、潜行偵察、二、触接偵察、三、強行偵察是れなり。

潜行偵察は主として夜間潜《ひそ》かに敵港又は敵軍に近接し、敵眼を避けて、其隊制、動静、若は防備警戒の情況等を偵知するものにして、之れに使用する兵力は此目的に適応せしむるため、低舷の駆逐艦若は水雷艇二隻乃至四隻とす。

触接偵察は通常昼間に於て敵と視界内に触接し、之れと交戦すること無く、敵情を偵知するものにして、之れに使用する兵力は巡洋艦若は通報艦二隻以上とす。

強行偵察は昼間又は夜間に於て敵港若は敵軍の戦闘距離以内に進入し、要すれば之れに攻撃を加へ、威力を以て敵情偵察の目的を達せんとするものなり。故に又之を威力偵察と謂ふ。而て之れに使用する兵力は充分敵と対抗し得るものを以てし、要すれば艦隊指揮官全軍を率ひて之を行ふことあり。

○前記三種の偵察法は各利害あるが故に、作戦上の要求に応じて之を適用せざる可らず。例ば夜間敵の碇泊艦隊に対し、不意に水雷攻撃を行はんとするに先ち、其碇泊位地等を偵察するには潜行偵察を可とすれども、此水雷攻撃の後敵の損害程度を偵知せんとするには、翌朝に於ける強行偵察に依るが如し。又劣勢の兵力を以て、絶へず敵の航行艦隊の集散離合を偵察するには、触接偵察に依らざる可らず、而て其応用の機会最も多きものは触接偵察にして、之れに亜ぐものを潜行偵察とす。

○偵察の効力は主として視察の巧拙に存し、捜索法の如き形式あらずと雖も、亦多少の方法なからざる可らず、即ち以下順次に其要領を列記す。

㈠潜行偵察に於ては敵眼を避くるため、為し得る限り檣桁其他舷上の突起物を撤去して艦型を低小にし、或は変装を施さゞる可らず。而て敵に近接するには通常月を前にし風を背にするものなれども、敵艦著しく煤煙を挙ぐときは風下より潜行するを可とす。又碇泊せる敵に対しては間接に端艇漁舟等を利用し、或は艦員を陸岸に揚げて、敵に近接せしむることあり。

㈡触接偵察に於ては通常敵の斜前に占位し、速力を増加して左図の如く敵前をＺ字形に航進するを可とす。（我国古代の軍法に之を千鳥乗りと称す）是れ終始我が優速を持続し、敵の変針に応じて、之れと触接

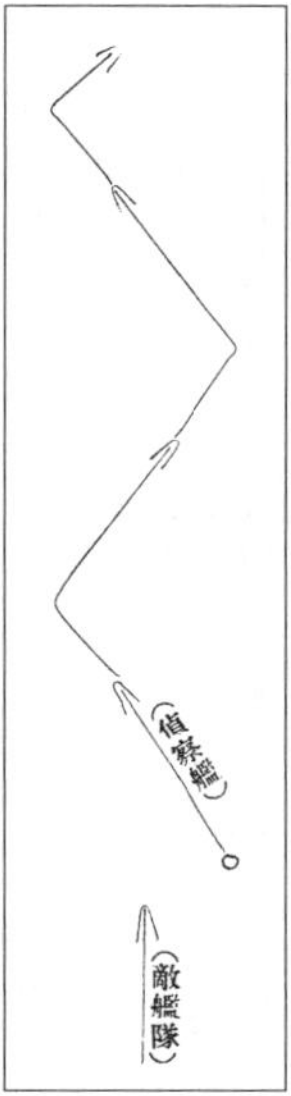

を保つに易く、且つ敵の優速艦等の急襲を受くることなきのみならず、敵の針路及隊形等を視察するに最も便なるを以てなり。而て敵の巡洋艦隊等我に向て迫撃し来るときは、直に其反対側に出て、敵主隊の周囲を繞《めぐ》り、常に敵主隊を中間に介在せしむる如く運動するものとす。

洋中の触接偵察に於て特に留意すべき要件は、終始我が艦位の測定を怠らざること是れなり。若し之を忽にするときは、不規則なる運動の結果、遂に正位を知る能はざるに至ることあり。

㈢強行偵察に於ては常に戦闘を予期せざる可らず。故に其方法は凡て戦術に準拠するを要す。偵察隊若し軽忽に敵に近接するときは、往々不利の戦勢に於て戦闘するの已むを得ざるに至り、独り自ら不慮の過失を招くのみならず、之れが為め其主隊に煩累を及ぼし、遂に期せずして本戦を惹起することあり。

強行偵察は可成的短時間を以て急劇に之を行ふものにして、已に偵察の目的を達すれば、直に敵と隔離せざる可らず。緩慢なる強行偵察は敵に我意図を察知せられ、却て其目的を達する能はざるのみならず、屢々敵に乗ぜられて危険に陥り、損害を増加するの原因となるべし。

○凡そ艦隊指揮官偵察隊を分派するときは、為し得る限り、其後方適当の距離に、別に強勢なる掩護部隊を派出するを可とす。是れ偵察隊の人意を強くし、且つ危急の際之を赴援し得るを以て、其間接の効力少からざるを以てなり。

第七章　警戒

第一節　警戒の要義

○凡そ艦隊戦地にあるときは、其航行せると碇泊するとに論なく、敵の遠近動静に応じて、敵襲に対する相当の警戒を要す。之れが為め、艦隊は必要の戦備を整へ、自衛の姿勢を持すると同時に、適当の距離に警戒隊を配備するものとす。

艦隊警戒中其諸艦は常に煤煙の騰昇、浮流物の投棄を禁止し、特に夜間は舷外に発露すべき灯火を隠蔽し、汽笛、時鐘、号砲、号音等の如き発音を停止するものとす。又無線電信も緊急通信の外発受せざるを要す。而て昼間は可成的檣頭に近く若干の哨兵を配置して（必要のときは将校を配す）四囲の見張りを厳にし、夜間は艦内哨兵を張り、予め探照区域を劃定して、敵の水雷攻撃に備るものとす。

警戒隊の任務は全隊の耳目となりて、敵の近接を速知し、為し得れば之を撃退して、主隊をして必要の措置を取るの時間を得せしむるにあり。而て其兵力は警戒の程度に依り同じからずと雖も、昼間は概ね巡洋艦若は通報艦、夜間は主として駆逐艦又は水雷艇を以て之れに充つるものとす。

○艦隊指揮官警戒隊を配備するときは、須く左記の諸要義に準拠せざる可らず。

一、警戒区域を区分し、各警戒隊の分担を指定するを要す。

(註) 警戒を厳《おごそか》にせんには敵をして侵入するの虚隙なからしめざる可らず。広闊なる警戒面を一部隊に守備せしめんよりは、寧ろ之を数区に分置して、責任を分担せしむるに如かず。但し小分に過ぐるときは又兵力を分散するの不利あり。

二、警戒隊は通信距離以外に派出せざるを要す。

(註) 警戒の目的は索敵にあらずして避敵にあり。故に通信距離以外に耳目を延長して敵情を探知するも、其警報の到るは通信距離以内に入りたる後にして、何等の効用なきのみならず、却て之れが為め敵の注意を牽くの害あり。

三、警戒隊の交代は可成的一昼夜以内たるを要す。

(註) 警戒隊の服務は常に健全なる鋭気を以てせざる可らず。一日以上の勤続は惰気を生じ易く、率て警戒の弛慢を来すものなり。倦怠せる警戒隊に信頼する

は禍害の原因を成すこと多く、寧ろ其無きを優れりとす。

四、友軍の識別暗号及警急信号を制定するを要す。

(註)敵の侵襲を覚知し且つ友軍相撃つことなからしめんには、須く彼我を識別するの方法あらざる可らず。識別暗号は之れが為め制定さるゝものにして、昼間、夜間及近距離、遠距離の四様に用ふるものあるを要す。又同一の暗号を常用するときは敵に漏洩するの虞あるを以て、時々之を変更せざる可らず。

又敵の急襲を警報するには最も簡明なる警急信号の設けあるを要す。長文の通信等は危急に応用すること殆ど難し。

○又警戒隊は其服務上左記の諸要義を服膺せざる可らず。

一、敵襲を撃退するを努むると同時に可成的其警戒区域を離れざるを要す。

(註)敵を近接せしめずして、主隊に煩累を与へざるは警戒隊の本務なり。然れども濫りに敵を長駆して其任所を空虚にし、第二の敵襲を防止する能はざるが如きは警戒の目的に添はざるものなり。

二、主隊の所在及行動を隠蔽するを要す。

(註)仮令ひ敵を撃退し得ざることあるも、尚ほ為し得る限り、主隊の所在及行動を隠蔽せざる可らず。是れ少くも主隊をして之に対する措置を取るの時間を

得せしむればなり。加之敵の偵察隊等は単に我主隊の動静のみを知らんとして侵入し来ることあり。

三、敵と共に主隊の戦闘距離以内に混入せざるを要す。

（註）警戒隊敵と混戦して主隊に近接するときは、之れが為め却て主隊の防禦力を減殺するものなり。特に夜間彼我の識別明かならざる場合に於て然りとす。斯くの如き場合には寧ろ警報のみをなして、主隊の戦闘距離以外に遠かるを可とす。

○前記する処は警戒航行及警戒碇泊の何れに於ても、一般に準拠服膺さるべき警戒の要義にして、尚ほ両者相異るものは後節警戒法の部に之を記入す。

第二節　航行中の警戒法

○航行艦隊の警戒法は、警戒の要義に則り、適当の距離に配備せる警戒隊の警固と其主隊の自衛とに依りて成立す。

警戒隊の区分は通常前衛及後衛とし、又必要に応じて左右側衛を派出するものとす。

而て索敵航行に於ては前衛を其主力とし、避敵航行に於ては後衛を主力たらしむ。

警戒隊配備の方法は昼間と夜間に於ける視界の関係に依り、自ら其差別あり。昼間の警戒には警戒隊を遠距離に配備し、主として巡洋艦の戦隊を以て之れに充て、又夜間は近距離に配備し水雷戦隊専ら之れに任ずるものとす。而て其目的とする処は敵の近接を発見して之を主隊に警報すると同時に、為し得れば之を撃退して主隊に煩累を与ふることなく其行動を渋滞せしめざるにあり。以下各別に其警戒法を列記す。

昼間の警戒法

○昼間の警戒隊は第一図に示すが如く配列するものにして、前衛は主隊の前方三十浬、後衛は後方十五浬、又側衛は前方十浬側方十五浬の距離に占位し、各主隊と同一の速力を以て前進するものとす。此等の占位は通常の天候に於ける昼間の展望十五浬と艦隊の航行速力十節乃至十五節を標準として、算定されたるものにて、視界尚ほ遠きに及ぶときは此距離を伸長するも可なり。但し小部隊の警戒航行に於ては通常前衛（避敵航行には後衛）のみを配備し、其距離も亦前方二十浬、（後方は十浬）に短縮するものとす。

各警戒隊の警戒区域は、前衛は正横前半面、後衛は正横後半面、又左右側衛は正首より正尾に亘る各側方半面とす。而て各警戒隊は更に図示の如く前後左右五浬乃至十浬の距離に三尖艦を派出し、以て其視界を拡張するものとす。但し警戒隊の兵力寡小なるときは単に其第一尖艦のみを出すを例とす。斯くの如くするときは、主隊の四周に一つの空隙無く、敵何れの方面より近接し来るも、先づ警戒隊の視線に触れて警報せらるべきを以て、其主隊の視界内に入る迄には少くも一時間の余裕を存せり。之を要するに、過度に兵力を分散すること無く、且つ警戒面に空隙を生ぜざる限り、可成的視界を拡張するを可なりとす。

第一図

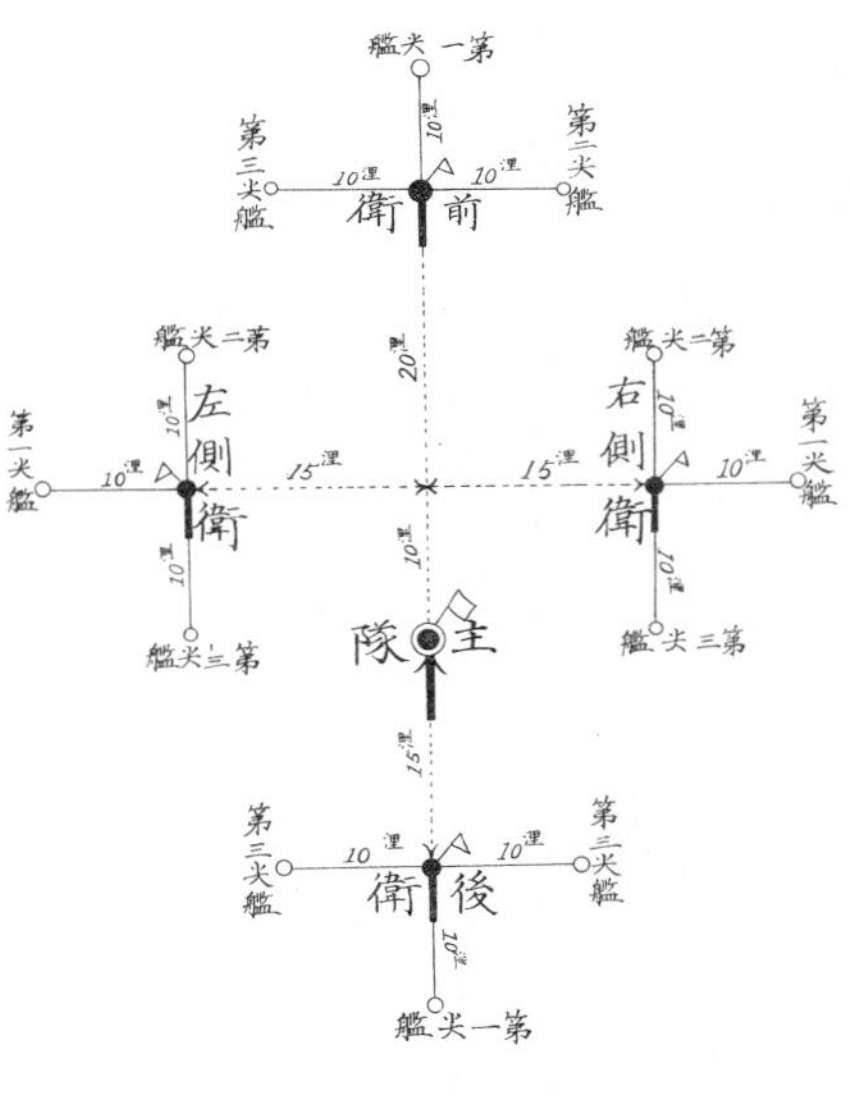

○索敵航行に於ける前衛（避敵航行に於ては後衛）の兵力は艦隊の現有せる全巡洋艦隊（一等巡洋艦をも含む）の四分の一以内とし、側衛及後衛（避敵航行にては前衛）には他の四分の一、

を以て充つるを通則とす。即ち全巡洋艦の半数以内を全警戒隊に充て、給与休養等のため交代を便にするものなり。然りと雖も前衛は屢々捜索若は偵察の任務を兼掌し、又後衛は追尾し来る敵の水雷艇隊等を遠く撃攘駆逐せざる可らざることあるを以て、斯くの如き場合には相当の兵力を増加するを要す。加之戦闘後に於ける追撃戦の前衛、退却戦の後衛の如き戦闘の任務を有するものは、敵情に応じて、特に充分の兵力を有せしめざる可らず。

又各警戒隊には尚ほ必要に応じて、若干の通報艦若は駆逐艦を附属し、警戒隊の近距離偵察又は通報伝令等に使用せしむることあり、特に後衛は敵の駆逐隊若は水雷艇隊を撃攘するため、此艦種を有するの必要最も多し。

〇凡そ警戒航行に於て、艦隊指揮官は必ず先づ左の諸項を各警戒隊に指示し、若し之を変更するときは其都度之を指示するを要す。

一、予定航路

一、予定航行日程及航行速力

一、翌日の会合地点

一、各警戒隊の配置及其兵力

一、各警戒隊の交代時刻

一、遭敵に対する攻撃の程度

而て各警戒隊は指示されたる処に基き、正確に其占位を保持する如く航進し、若し其位地不明なるに至れば、一艦を主隊の方向に派遣して、之を正さゞる可らず。又遠く煤煙、艦影等を発見して、之を偵察するか、或は敵に遭遇して之を攻撃せんがため、其定位を離れざる可らざる場合等に於ては少くも一艦を原位に駐めて、自己担任の警戒を継続せしめ、且つ其定位を失はしめざるを要す。而て遂に日没前帰合する能はざるときは翌日の会合地点に直進し、夜間は其主隊に近接せざるものとす。

夜間の警戒法

○夜間の警戒隊は第二図に示すが如く配備するものにして、前衛は主隊の前方三千米突、後衛は後方千五百米突、又側衛は前方一千米突側方一千米突の距離に占位し、各主隊と同一の速力を以て前進するものとす。此定位を撰みたるものは、敵の駆逐隊若は水雷艇隊が主隊を襲撃するとき、必ず先づ我針路及速力を確むるため、主隊の前後及側方に運動し、然る後前方より反航襲撃する場合最も多きを以てなり。而て主隊の左右側面を空虚にしたるは、警戒隊が敵を発見して警報したる際主隊が左右任意に其針路を変換して、敵襲を避くるに便ならしめたるものなり。

第二図

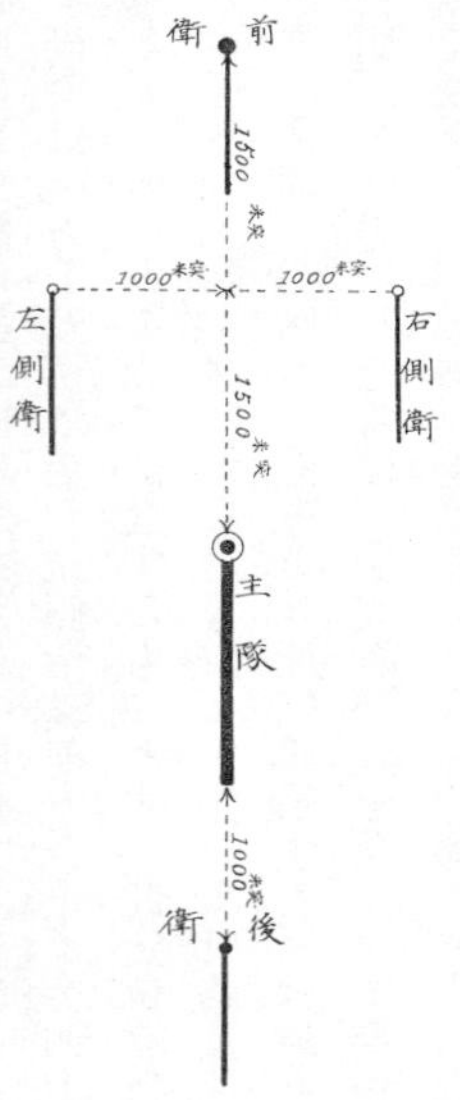

然れども夜間の警戒は到底其完全を期し難きものにして、敵襲を避けんと欲せば、寧ろ日没前其視界外に遠かるを最も安全なりとす。故に艦隊警戒航行中日没前敵の水雷艇隊等に追尾せらるゝときは、後衛をして極力之を駆逐せしめ、主隊は日没後適宜其針路を変じて敵眼を晦ますを可とす。

○夜間の警戒隊に充つべき水雷戦隊の兵力分配は概ね昼間の警戒法に同じ。但し警戒任務に服せざる水雷戦隊は別に一梯団を成して、主隊の後方約二十浬に続航し、以て敵襲に際し彼我の混淆を避くるものとす、而て此梯団は主として昼間の後衛に附属して敵水雷戦隊の駆逐に従事したるものを充つるを便なりとす。

○夜間の警戒航行中敵襲を受くるときは、主隊は已むを得ざるの外、探照砲撃を行ふことなく、勉めて敵眼を避くるを可とす。是れ探照砲撃は却て我が位地及隊制を敵に暴露し、防禦の効力比較的僅少なるを以てなり。而て若し探照せざる可らざるに至れば、第七図の一例に示すが如く、全軍一斉に点灯して、各艦其探照区域を確守して探照するを効力最大なりとす。

又各警戒隊敵を発見するときは、直に之を警報すると同時に極力探照砲撃を加へて、敵眼を眩惑し之を撃退するに努めざる可らず。而て敵と混戦して主隊の射程内に乱入し、或は之を長駆して警戒区域を空虚ならしめざるを要す。但し主隊若し其針路を変ずるときは依然旧針路を執りて敵を他方に誘致するに努むるものとす。

第三節 碇泊中の警戒法

○碇泊艦隊の警戒法は、警戒の要義に則り、港外に於ける警戒隊の哨戒と、泊地に於ける主隊の自衛とに依りて成立す。

碇泊中の警戒隊は通常内哨及外哨より成り、必要に応じて、更に最外哨を派出するものとす。之れがため、第三図に示すが如く、港外に三哨線を劃す。其各哨線間の距離は地形、天候及警戒隊の兵力等に準じ一定せずと雖も、通常第一及第二哨線間を五浬乃至十浬とし、第二及第三哨線間を弐十浬と定む。而て第二及第三哨線は内哨及外哨の哨戒線にして、第一哨線は即ち主隊の自衛区域と警戒隊の警戒区域の限界を成し、主隊より特派せる哨艇（艦載水雷艇若は汽艇）等の警邏《けいら》すべき処なり。

内哨、外哨の警戒区域は図示の如く、中央及左右三幹線を以て之を等分し、内外第一乃至第四の八哨区に分劃し、以て哨戒の分担に便ならしむ。但し地形に応じて、必しも此通則に拠ること無く、第五図に示すが如く、適宜に之を区分することあり。之を要するに、一部隊に大面積を警戒せしめ、従て其移動距離を大ならしむるは、警戒の要義に添はざるものなり。
○警戒隊配備の方法は昼間と夜間に於ける視界の関係に依り、自ら其差別あり。昼間の警戒には外哨及最外哨のみを配備し、主として巡洋艦の戦隊を以て之れに充て、又夜間の警戒は大抵外哨を撤し内哨のみを配備し、専ら水雷戦隊を以て之れに充つるものとす。而て其任務の目的は航行中の警戒隊と異る処なし。
○昼間の警戒に任ずる外哨の兵力は通常一箇巡洋艦戦隊にして、可成的全巡洋艦隊の四分の一以内を使役し、四順を以て二日毎に交代せしむるを可とす。是れ長時日の警戒碇泊に当り、二順の交代は頻繁に過ぎ、給与及休養上の不便少からざるを以てなり。
而て外哨本隊は通常一団となりて、中央幹線上第三哨線の内方十五浬に占位するか、或は又二団に分れて左右幹線上に占位し、各外哨区の中央第三哨線上に図示の如く各一隻の哨艦を配置するものとす。又兵力に余裕あるときは、更に各幹線上に於て十浬

第三図

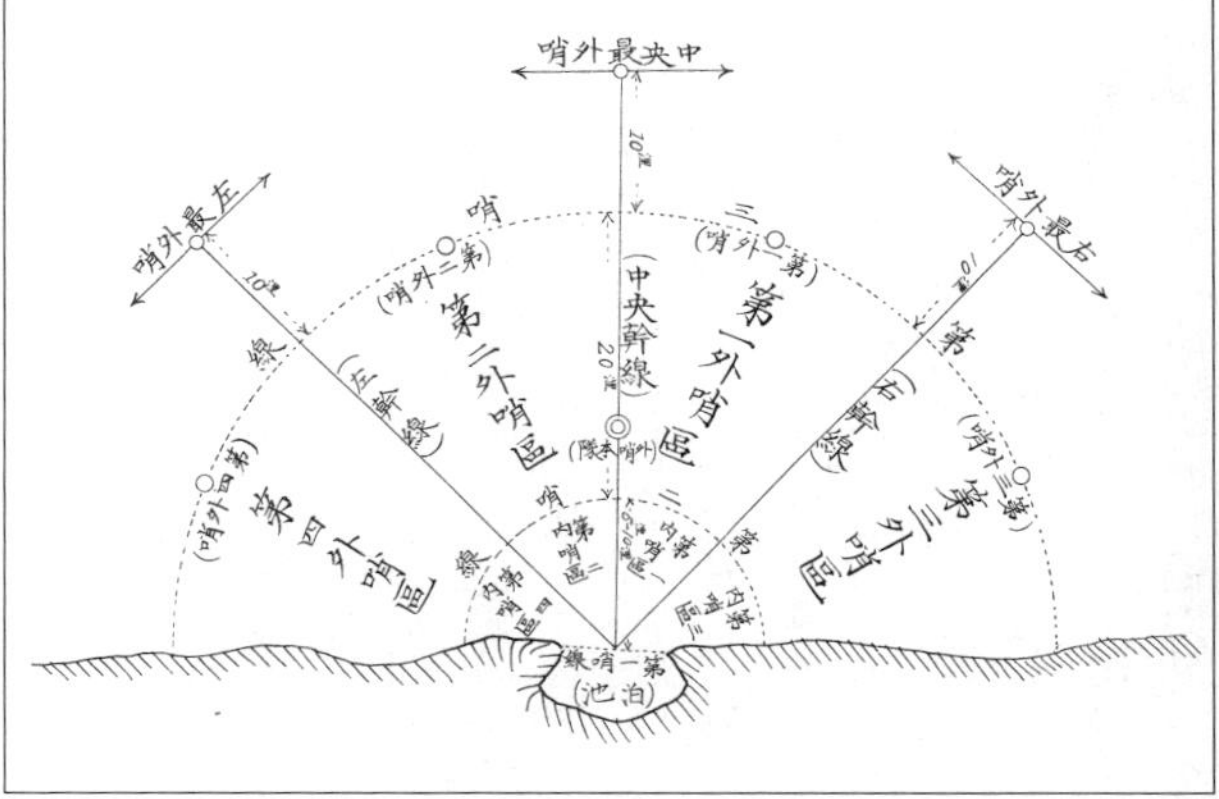
中央最外哨
10里
左最外哨
右最外哨
(第二外哨)
(第三外哨)
(第一外哨)
(第四外哨)
(中央幹線)
20里
(左幹線)
(右幹線)
第二外哨区
第一外哨区
第三外哨区
第四外哨区
(本隊外哨)
第二哨線
第一哨線
(泊地)

第四図

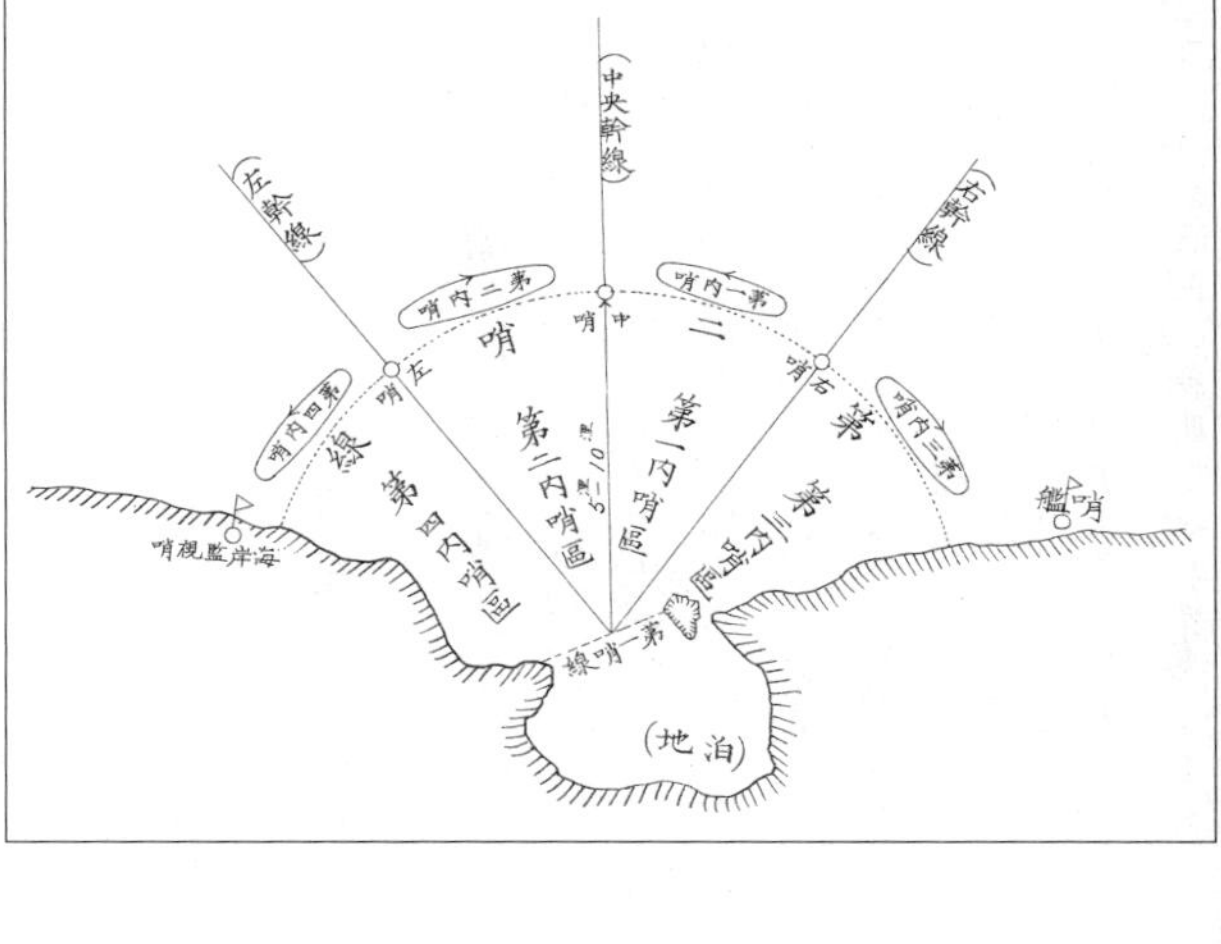
(中央幹線)
(左幹線)
(右幹線)
第一内哨
第二内哨
第三内哨
第四内哨
中哨
左哨
右哨
第二哨線
第一内哨区
第二内哨区
第三内哨区
第四内哨区
10—5里
第一哨線
(泊地)
海岸監視哨
艦哨

外方に三隻の最外哨艦を派出し、幹線に直角に運動して巡邏警戒せしむるを可とす。

外哨は通常日没前之を撤し日没時に第二哨線に到達する如く、泊地に向て帰港するものとす。然れども敵の夜襲を予期するときは、日没前約二時間より更に外方に向つて開進せしむることあり。是れ昼間に敵水雷戦隊等の近接を発見して、内哨の警戒に助力せしめんが為めなり。此場合に於ては各哨艦一定の速力を以て夜半迄前進し、翌朝日出時迄に旧哨位に復帰するが如く運動するものとす。

○夜間の警戒に任ずる内哨の兵力は通常一箇水雷戦隊（即ち四箇駆逐隊）及通報艦三隻にして、**第四図**に示すが如く、各駆逐隊は各内哨区を移動哨戒し、各通報艦は三幹線と第二哨線の交叉点に静止哨戒するものとす。而て第三及第四哨区の末端海岸に接近せる部分には、敵の潜行に対し、特に海岸監視哨若は固定哨艦を配備するを可とす。

内哨の主要なる任務は、敵の駆逐隊、艇隊若は水雷敷設艦等の港口に侵入するを防止し、以て我主隊に危害を加へしめざるにあり。故に苟《いやしく》も怪む可き艦影を発見するときは、当該方面の内哨は直に之を探照し、其友隊僚艦にあらざる限り、極力砲撃して之を撃退するものとす。而て若し之を阻止する能はざるも自ら第一哨線以内に侵入せざるを要す。又他方面にある内哨は依然其哨区を警邏し、其隣哨が敵を撃退する能はざる場合の外、濫に之れに協力せざるを可とす。是れ夜間の接戦は敵兵衆多なるも小団の兵力を以てするを有利とすればなり。而て若し隣哨に協力する場合には必ず友軍の識別灯を掲示するを要す。

○凡そ艦隊警戒碇泊するときは、其主隊は単に警戒隊の哨戒のみに依頼することなく、

第五図

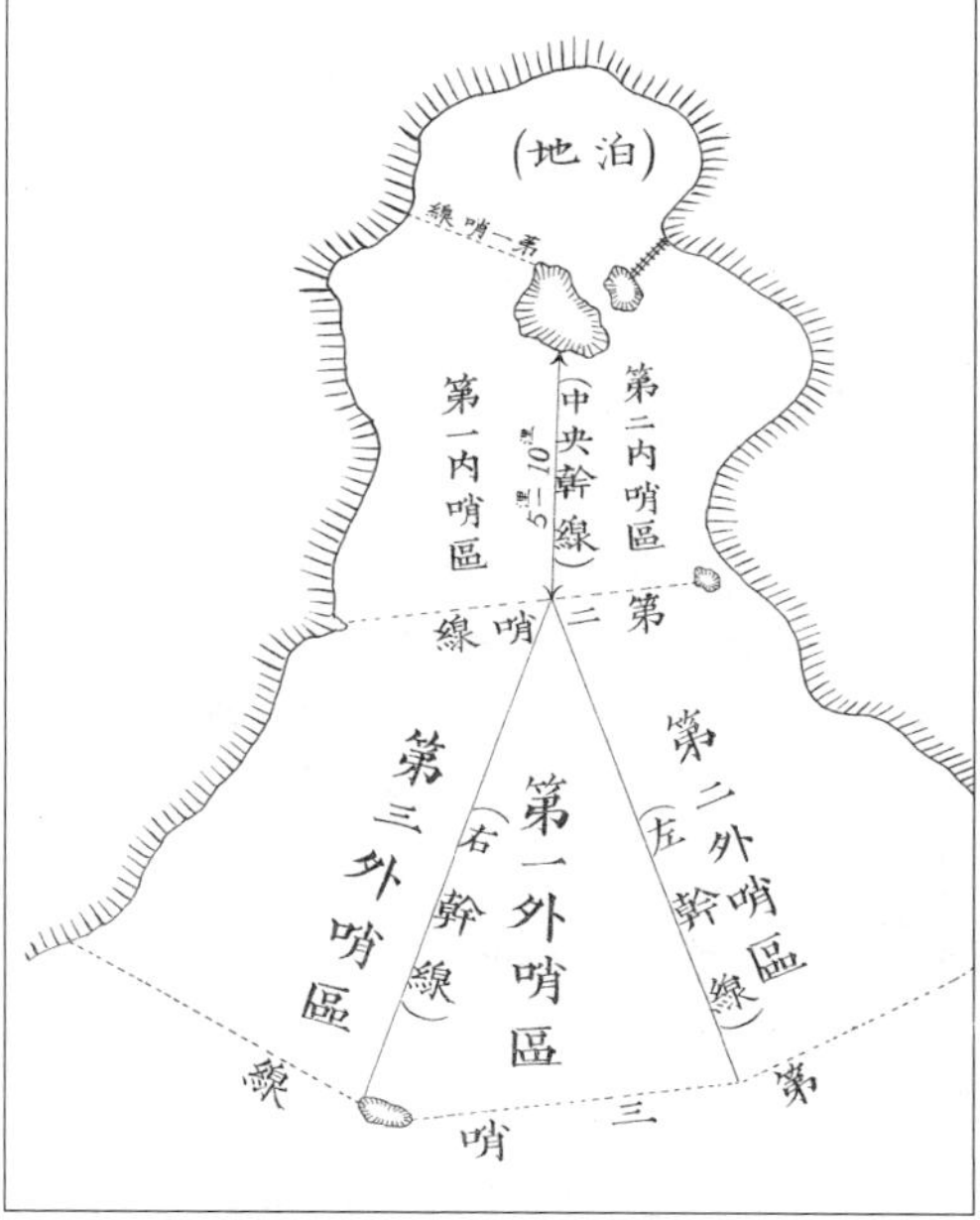

第六図

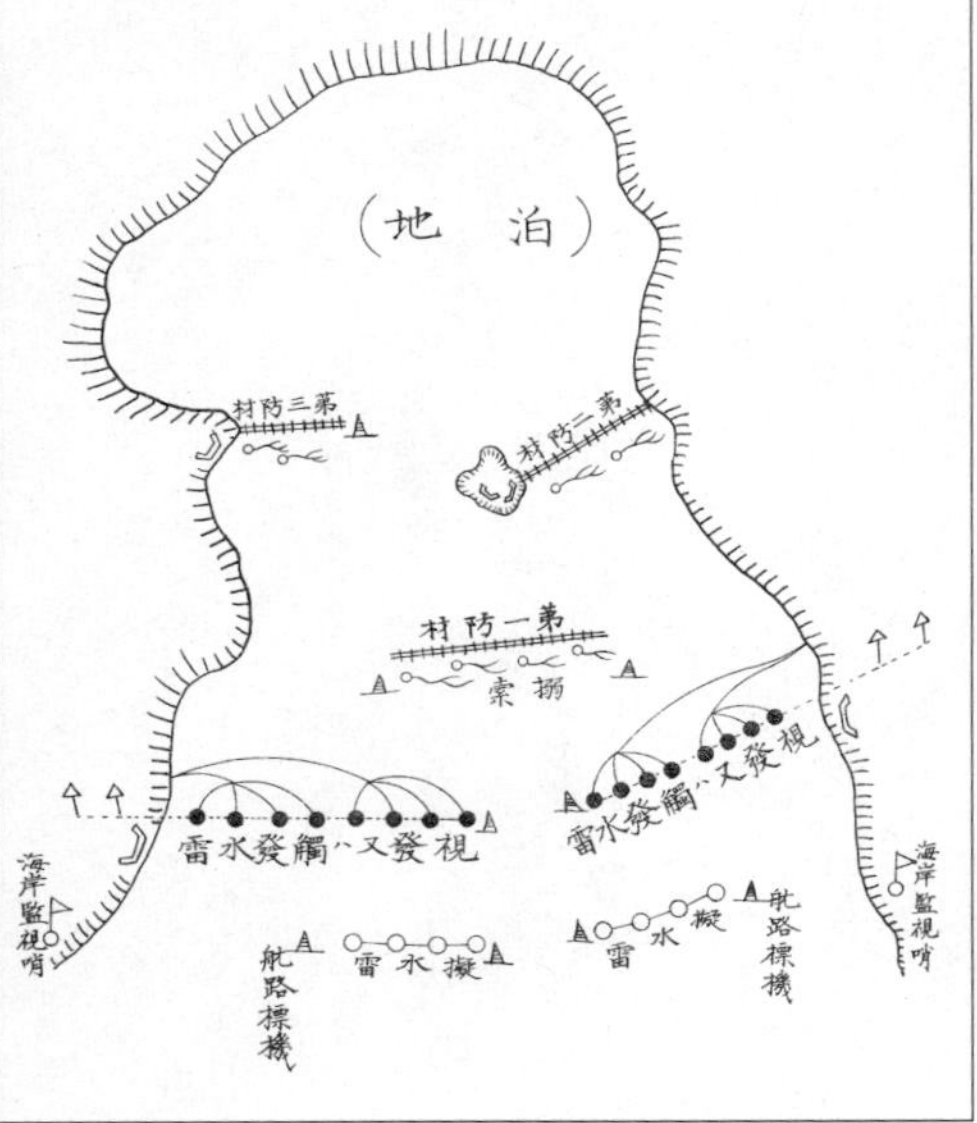

又自ら防衛するの手段を尽さゞる可らず。自衛の方法は泊地に於ける哨艇配備、（第一哨線に之を派出す）水雷防禦網の展張及艦内哨兵配備等に拠ると雖も、尚ほ須く地物の利用に留意し、能く地形に応じて其錨位を撰み、又固定防禦物を設置して地形上の不利を補足するを要す。

　艦隊が臨時設置し得る固定防禦物は概ね一、防材、二、掬索、三、敷設水雷（視発、触発若は機械）及四、擬水雷の四種にして、之を設置するには、第六図の一例に示すが如く、防材を最内線とし、前記の順序に準ひ順次外方に設置するを通則とす。是れ外方にある防禦物は自然に内方のものを保護し、以

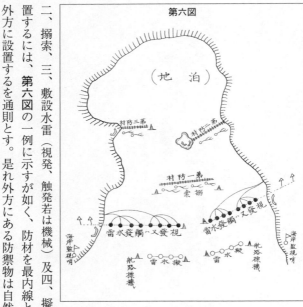

て防禦の効力を全からしめんが為めなり。而て各種防禦物の末端航路に対する処には、適当の位置に航路標識を設置し、以て友軍の出入に便にし、又陸岸適宜の処に軽砲若は機関砲幷に探海灯の堡塁を急造し、或は、内方適当の距離に砲艦等を泊在せしめ、以て外方より防禦物を破壊し或は之れに撞着する敵を砲撃せしむるに備ふるものとす。

防材を設置するには、図示の如く二線若は三線に分置し、可成的航路を屈曲せしめ、且つ之を二口となして出港航路と入港航路に区別するものとす。斯くするときは単に敵の侵入を困難ならしめ、我艦船衝突の危険を予防するのみならず、不時の事変等に依り、其一口を通過する能はざる場合に於ても、尚ほ他の一口を利用し得るの便あり。

又泊地の陸上我軍の掌裡にあるときは、最外固定防禦線の外方に近く、海岸監視哨を配置し、為し得れば之れと泊地の間に有線電信を連絡するを便なりとす。

第七図

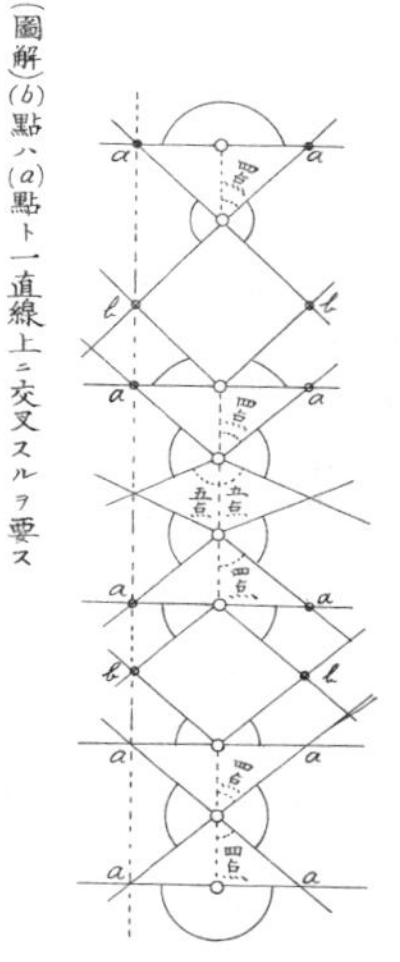

如上の固定防禦物の設置及修補の事業は凡て泊地に在る主隊諸艦の分担すべきものにて、港外の警戒隊に充つべき艦船には之を課せざるを要す、是れ防禦物を有効に保全するには日々の撿視及修理を

要するのみならず、常に必要の人員を定備せざる可らざるを以てなり。
○警戒碇泊に於ける固定防禦物の設置は、其簡易なるものと雖も、大抵一日以上の時間を要するものなり。故に艦隊警戒航行より警戒碇泊に移るに際し、其当日に於ける泊地の防禦は比較的薄弱なるを常とす。斯くの如き場合には須く警戒隊特に内哨の兵力を増加し、港外の哨戒を厳重ならしめざる可らず。若し又敵地に碇泊する場合には、先づ陸戦隊を派して陸上に在る敵の諸通信機関を破壊せしめたる後に入港碇泊し、少くも一日間敵をして我が泊地の何れにあるやを知る能はざらしむるを可とす。

第八章　封　鎖

第一節　封鎖の種別及要義

○封鎖とは兵力を以て海上より敵を一地に包囲し、其他部との交通を遮断する攻勢動作にして、其間接の目的が敵を撃滅せんとすると否とに拘らず、直接の目的とする処は敵をして其地より出動せしめざるに在り。

凡そ劣勢の敵軍戦闘を避けて其防禦港に退嬰するときは、竟《つひ》に之を封鎖せざる可らざるに至るを常とす。而て其封鎖を確実に続行せんには、封鎖艦隊の兵力は少くも敵に対し二倍の優勢なるを要す。是れ封鎖艦隊は戦略上攻撃を取るに拘らず、戦術上に於ては却て守勢を立てるを以てなり。即ち敵は常に港内に安居して、出動の時機と方面を撰択すべき攻者の利点を占有するに反し、我は終始広大なる封鎖線を守備して、敵の発動に対し警戒しあらざる可らず。加之守者の占有すべき地物の利も亦敵に属し、我は唯だ戦闘力のみに拠るの外なし。此広大なる封鎖線の警備に要する兵力幷に之れが給与、修理、休養等のため其交代に要する兵力を合算するときは、二倍の優勢を以てするも尚ほ多しとせざるなり。若し夫れ地形封鎖に適せずして、敵が二方面に出口を有し、港外の地勢開闊せる場合（例ば香港の如し）等には、更に其兵力を増大せざる可らず。之れに反し港口一つにして、港外の両岸相狭迫せる場合（例ば舞鶴の如し）等には較《や》や兵力を減少することを得るなり。

○封鎖の方法に直接封鎖及間接封鎖の別あり。直接封鎖は封鎖艦隊の主力を敵前に現はし、威力を以て直接に敵を制圧するものを謂ひ、亦間接封鎖は主力を遠隔の地に置きて敵に示さず、単に警戒隊を以て敵を監視せしむるものを謂ふ。之を要するに此両法の差別は封鎖艦隊の主力を敵に示すと否とにありて、其主力の占位すべき距離に就ては別に一定の標準あること無し。

直接及間接封鎖は各利害得失ありて、敵情、地形及封鎖艦隊の兵力等に準じ、之を適用すべきものとす。乃ち左に両法の利点を列記す。

直接封鎖の利点

一、比較的に能く敵を威圧して其出動の意志を屈し得ること

二、比較的迅速確実に敵の出動に即応し得ること

三、比較的に整備を厳にし封鎖の効力を増大し得ること

間接封鎖の利点

一、比較的に敵の奇襲を避け不慮の危害を蒙らざること

二、比較的に封鎖軍を疲労倦怠せしめざること

三、比較的に給与を容易ならしむること

如上の利害を比較するときは、直接封鎖は一時的の封鎖に応用し得るも、到底耐久の封鎖に適せず。加之敵の奇襲等より生ずる危害も亦少からざるを以て、其要求切実なる場合の外、之れに拠らざるものとす。而て多くの場合特に長時日の封鎖に於ては、概して間接封鎖を執るを有利なりとす。

間接封鎖に於ける封鎖艦隊主力の根拠地は敵港より五十乃至八十浬の地点を撰み、且つ其地位は敵の出動すべき方面に在るを要す。此位地若し遠きに過ぐれば敵の出動に応じて之を阻止するの時機を失し易く、又近きに過ぐれば敵襲に対し局地の警備に労力を徒費するの不利あり。

○凡そ封鎖を続行するに当り、其直接なると間接なるとを問はず、封鎖艦隊の各級指揮官は前章第一節警戒の要義を服膺するの外、尚ほ左記の諸要義に留意せざる可らず。

一、常に全軍の軍需を充実し、即時発動の準備あるを要す。

(註)敵は発動の時機と方面を撰択するの利を有し、常に我が不意に出て、備無きに乗せんとするが故に、苟も此の用意を忽にするときは、其破封鎖に即応すること難く、遂に敵を逸すること多し。特に敵の速力優れる場合に於て然りとす。

二、時々封鎖配備を変更するを要す。

(註)終始同一の配備を永続するときは、遂に之を敵に覚知せらるゝの不利あるのみならず、不変の山水に対する封鎖軍の視感を飽かしめ、自然に士気の倦怠を生ずるものなり。

三、艦船の交代休養を図り、艦員の疲労を予防するを要す。

(註)封鎖長時日に亘るときは、独り艦船の故障を続発するのみならず、艦員も亦漸次に疲憊して、全軍の戦闘力を減耗するものなり。故に可成的一昼夜毎に之を交代休養せしめ、且つ適度の娯楽を与ふるを可とす。

四、士気の弛慢を戒め、常に鋭気を保全せしむるを要す。

(註)封鎖を続行するに当り、最も怖るべきものは士気の弛慢にして、尚ほ不慮の事変等に依り更に其挫折を来たすことあり。士気の弛慢挫折は率て警戒の粗漏を生じ、譬ひ封鎖の形式に欠くる処無きも、其実力の減少頗る大なり。故に

各級指揮官は部下に対し、常に其戒飭に力むると同時に、或は隊外の戦報等を告示し、又は時に威嚇砲撃、強行偵察等を行ひ、以て士気を新にするの手段を施すを可とす。

五、教育訓練を励行するを要す。

（註）戦時に於ても教育訓練の必要なるは言ふを俟たずと雖も、特に封鎖中は日々の警戒に疲れて之を忽にし、漸次に其練度を亡失するものにて、敵の出動に際し之れと戦ふに当り、意外の減退を発見することあり。故に為し得る限り之を励行すると同時に、常に能く兵器を検査し其効力を保全せしめざる可らず。

○封鎖は主として兵力を以て之を強行するものなれども、又特に沈船若は機械水雷等の如き固定物を以て敵港を閉塞せしむることあり。此等の事業は頗る冒険にして、其確実なる成効期し難しと雖も、敵を危惧せしめ其出動を阻礙するの効力を有し、為に封鎖艦隊の労力を軽減すること少しとせず。

第二節　封鎖中の警戒法

○封鎖中の警戒法は、敵前に於ける警戒隊の監視と、其外方に於ける封鎖本隊（主隊若は支隊）の掩護より成る。而て其形式は概ね前章第三節碇泊中の警戒法に類似し、唯だ其異る点は之を内方より施さずして、逆まに外方よりするにあり。

第一図は即ち直接封鎖の警戒法に於ける一般の形式を示すものにして、先づ敵の港口を中心として港外に三重の哨線を劃し、其第一哨線は港口より約五浬、第二哨線は十浬、第三哨線は二十浬の距離を有せしめ、又中央及左右の三幹線を劃して、第三哨線以内を内外八哨区に区分す。而て第一哨線以内は必要に応じて機械水雷若は障礙物等を敷設すべき区域とし、内哨は内哨区に、外哨は外哨区に在りて、警戒監視するものとす。

○昼間の警戒には、外哨として二個の巡洋艦戦隊并に内哨として通報艦（若は駆逐隊）三隻を充て、第一図に示すが如く、外哨は各左右幹線を基本とし、第三哨線に添ふて移動哨戒し、又内哨通報艦三隻は各幹線を基準して第二哨線上を移動哨戒するものとす。而て封鎖本隊は通常三隊に区分せられ其主隊は中央幹線、又両翼支隊は各左右幹線上に於て、第三哨線の外方約十浬に占位し、以て間接に内哨及外哨を掩護し、且つ敵の出動に即応するの姿勢を持せしむ。但し警戒面大ならざるときは、特に両翼支隊を配備することなく、凡て之を中央に集団するを便なりとす。

昼間の警戒に於ける内哨通報艦の任務は主として港内にある敵の動静を監視して之

第一図

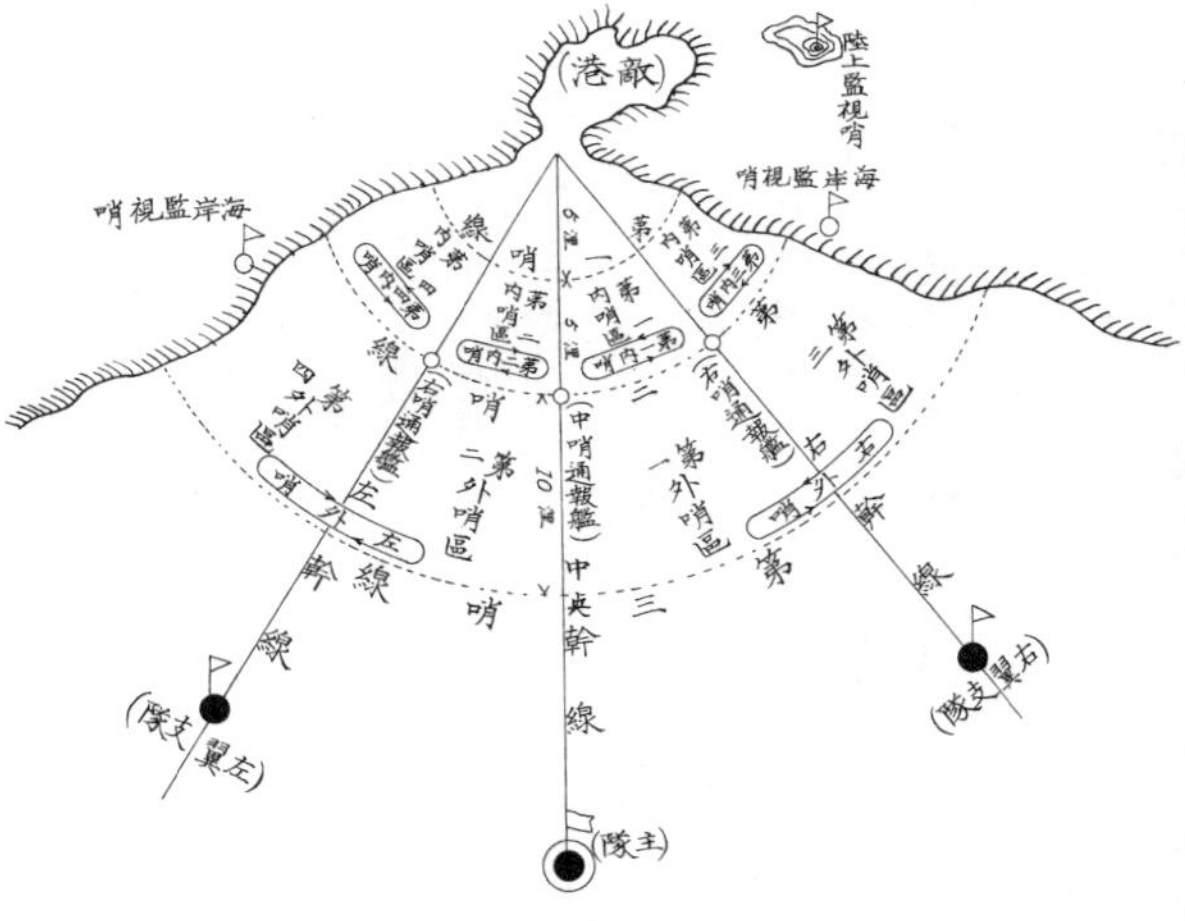

を速報するの外、敵の駆逐艦等が港外に出て我が沈設水雷等を掃除せんとするを撃攘するにあり。又外哨巡洋艦戦隊の任務は内哨通報艦を掩護し若し其危殆を認むるときは直に赴援するの外、尚ほ港外より敵港に入らんとする船舶を拿捕するものとす。特に間接封鎖の外哨は敵の出動に際し、我が主隊の到着する迄、敵と触接して其行動を監視するを要す。

○夜間の警戒は主として通報艦三隻及四箇駆逐隊を以て之れに充て、各通報艦は第二哨線上哨区の界点に静止哨戒し、各駆逐隊は之を標識として各内哨区を移動哨戒す。

而て若し敵出動の形跡あるときは、之を第一哨線の外側迄前進せしむ。又別に外哨として、第三哨線上左右外哨の位置に各水雷戦隊半部（即ち駆逐隊二隊）宛を配備し、敵の脱出に備ふるものとす。

又封鎖本隊は昼間の外哨を各両翼支隊に帰合せしめ、日没時より第二図に示すが如く、三隊に分離して三幹線上を外方に向ひ分進し、夜半より更に針路を反転して、翌朝旧位に復する如く運動し、以て敵の夜襲を避くるものとす。但し夜中敵脱出の警報に接せば、各隊予め劃定されたる第二警戒線上に到りて停止し、各幹線を基準として其両側に捜索列を展張し、時宜に準ひ移動若は静止捜索を行ふものとす。

夜間の警戒に於ける内哨駆逐隊の任務は、敵を威嚇して其出港を逡巡せしめ、若し出動せば第三哨線以内に於て、極力之を攻撃するにあり。又外哨水雷戦隊は内哨に異変なき限り、其哨所を守り、若し敵の脱出を知れば第三哨線以外に於て之を連続襲撃し、且つ為し得る限り敵と触接して其行動を監視し、之を本隊に警報するものとす。

○内哨及外哨は毎日午前九時十時の交、各所に於て交代するものとし、兵力の許す限り四順を以て輪番勤続せしむるを通則とす。但し内哨駆逐隊は日没時に哨所に就き日出時に之を撤するものとす。

○直接封鎖に於ける特務隊の集合地点は、中央幹線上主隊の後方五浬にして、交代休

第二図

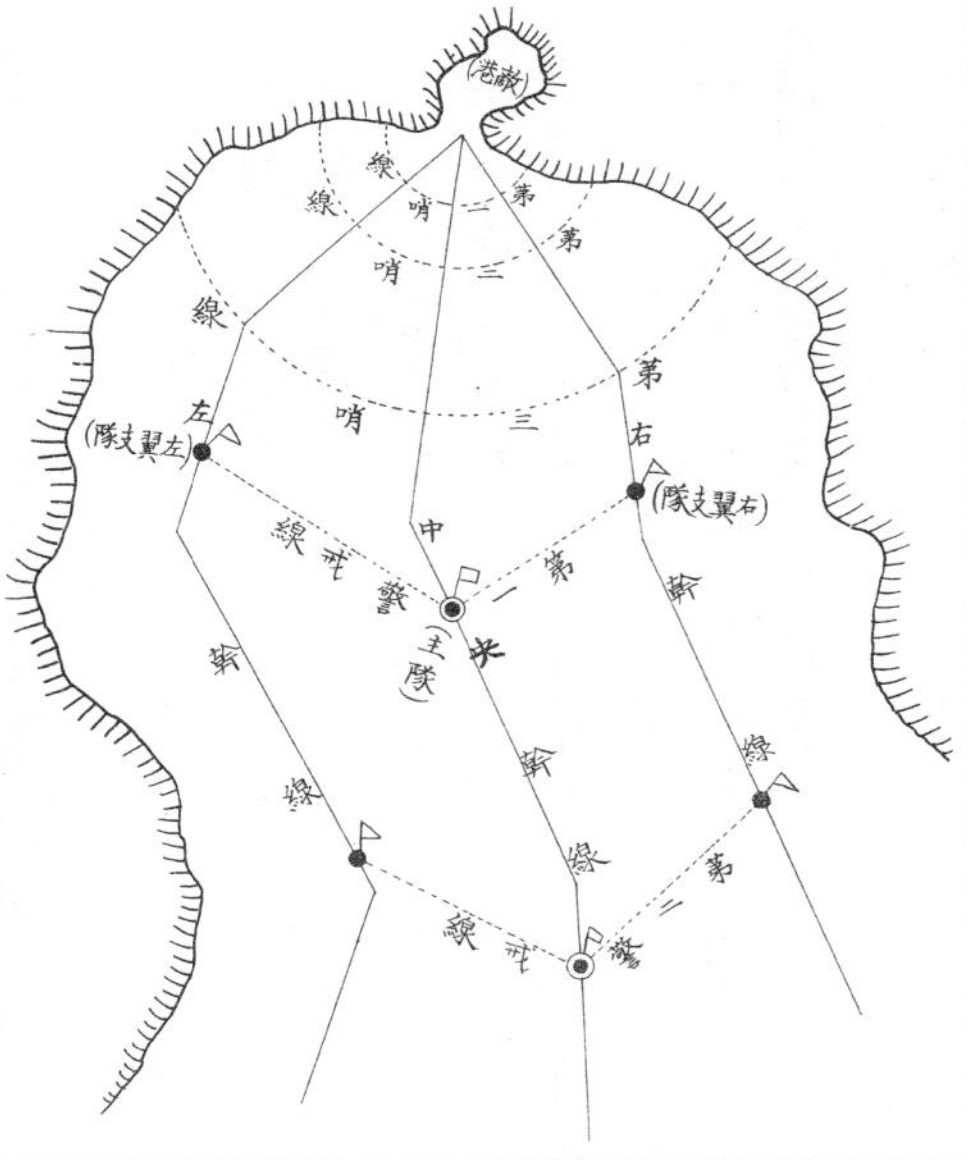

養せる艦船は此処に来りて給与、修理等を受くるものとす。但し哨戒に服務せる諸艦は内哨の外、其哨所に於て給炭せしむることあり。

○以上は凡て直接封鎖の警戒法に就きて説明したものにて、若し間接封鎖を執るときは、封鎖本隊は封鎖線に立たずして根拠地に泊在し、唯だ内哨外哨のみを以て、敵を監視せしむるものとす。若し間接封鎖の根拠地として、其附近に適当の港湾なきときは、封鎖本隊は通常中央幹線上に於て敵港より五十乃至八十浬の所に漂泊せざる可らず。

○凡そ海上より敵を一地に封鎖して其撃滅を期す

るときは、遂に陸軍を以て陸上を攻略せざる可らざるに至るを自然の趨勢とす。已に陸上背面一帯の地我軍の占領に帰して攻囲成立するときは、封鎖艦隊より陸上監視哨を設置し、背面より港内の敵情を監視せしむるを可とす。此監視哨は少くも隔離せる三地点に分置し、三方より敵を叉視せしむる如くし、又各哨間には電話線を架設し、尚ほ無線若は有線電信を以て封鎖艦隊との連絡を保持せしむるを要す。又海岸適当の地点にも監視哨を置きて海陸の通信を容易ならしめ、尚ほ灯台若は灯竿等を設立して封鎖内哨の標識とするを便なりとす。

○封鎖の効力を増大するため、港外に機械水雷又は障礙物等を敷設するには、凡て之を第一哨線以内に於てし、若し陸上我が手裡にあれば可成的之を陸岸に接して沈置せしめ、然らざれば之を中央部に敷設せしむるものとす。是れ我軍の保護を容易にし敵の破壊掃除を困難ならしめんが為めなり。

第九章　陸軍の護送及揚陸掩護

第一節　護送及揚陸掩護の要義

○夫れ海国の作戦は、大抵海陸両軍の協力に依り其功を収むるものにして、海上の作戦其歩を進め、陸地攻略の必要生ずるときは、陸軍の海上輸送及其揚陸を開始するに至るを常とす。此輸送及揚陸の業務は凡て陸軍に属し、海軍戦務の与る処にあらずと雖も、敵艦未だ海上に出没し、輸送船隊の航泊危険なるときは、艦隊を以て直接若は間接に之を護衛せさる可らず。此に於て護送及揚陸掩護の戦務を生ず。
○陸軍の護送及其揚陸掩護に従事するに当り、其輸送及揚陸の方法に就き、艦隊にて知悉すべき陸軍戦務の要領概ね左記の如し。
　陸軍軍隊を運送船に搭載するには、可成的其建制部隊を分割することなく、之れに属する諸材料と共に同船に搭載し、且つ船舶の搭載力を遺算なく利用するを其趣旨とす。而て船舶の登簿噸数に対し、人馬材料搭載の数量は大要左の標準に拠る。

（人馬材料の数量）	（船舶登簿噸数）
歩兵一大隊	一、八〇〇
騎兵一中隊	一、〇〇〇
野砲兵一中隊	九〇〇
野砲兵聯隊段列	一、六〇〇
山砲兵一中隊	九〇〇
山砲兵聯隊段列	一、八〇〇
工兵一中隊	五〇〇
衛生隊	一、〇〇〇
架橋縦列	一、五〇〇

（備考）砲車、行李其他軍隊附属の諸材料は人馬搭載の外に船艙に搭載するの余積あるを以て別に計算するを要せず。

如上の趣旨及標準に基き、陸兵を搭載したる各運送船には、陸軍輸送指揮官及海軍監督将校乗組みありて、運輸に関する一般の事務を掌理し、船内の軍紀、風紀、給与、衛生其他航海に関する一切の責任を有せり。而て各船は当該輸送兵団の長より交附されたる輸送券（船名、発着地名、搭載人馬材料の種類及数量等を詳記しあり）の指示する処に従ひ、其出発地を発船して指定の集合地に到着し、爾後海軍護送艦隊指揮官の指揮に従ふものとす。

艦隊護送の下に輸送船隊揚陸地に到着したる後、其揚陸事業は該地に設置さるべき陸軍碇泊場司令部之を掌理し、輸送指揮官と協議して揚陸の順序方法、上陸用桟橋の設備幷に艀船集合地の撰定等凡て之れが担任に属す。然れども、碇泊場司令部の設置なきか、或は之れあるも其設備不充分なるときは、艦隊より之を輔助するの義務あるものとす。

軍隊揚陸の順序は其輸送兵団の上陸序列に準ずるものにて、海軍陸戦隊と交代して揚陸地の占領警備に任ずる部隊を第一に上陸せしめ、其他の部隊は通常歩兵を先にし、騎兵、砲兵、工兵之れに次ぎ、最後に行李架橋縦列等を揚陸するものとす。但し工兵は桟橋設置のため最先に上陸せしむることあり。

又軍隊揚陸の速度は泊地と海岸との距離、海岸着船の便否幷に天候の良否に依ると雖も、人力の左右し得る範囲内に於ては、主として桟橋及艀船の数量に比例するものとす。桟橋の数は運送船六隻に対し少くも一個を要し、又艀船の隻数は桟橋の着艇隻数（桟橋の両側及末端等に横着し得る総隻数）の四倍を適度とす。之を超ふれば艀船桟橋に群集して却て混雑を生じ易く、又足らざれば徒に桟橋の利用を空ふするに至る。此標準に依り天候良好にして泊地と海岸の距離一浬に超へざるときは、十二時間を以て優に歩兵一旅団若は騎砲兵一聯隊以上を揚陸せしむることを得。

○艦隊陸軍輸送船隊の護送及其上陸掩護に従事するときは、其指揮官は航行、碇泊及警戒に関する一般の要義に遵ふの外、尚ほ左記の諸要義に留意せざる可らず。

一、護送及掩護の任務は直接任務と間接任務とに区分するを要す。

(註) 直接任務とは輸送船隊の近傍にありて、之れと離るゝことなく、護送若は掩護に任ずるを謂ひ、又間接任務とは輸送船隊と進退を与にせず、不羈《ふき》の位地にありて、間接に之を護衛するを謂ふ。此区分無きときは、敵襲に際し、完全に其任務を遂行すること難し。

二、輸送船隊は之を適当の数群に区分し、各群に嚮導艦を附し、其航行若は碇泊を指導せしむるを要す。

(註) 運送船船長は編隊航行に熟せざるのみならず、敵の急襲等に応変すべき素識を有せず。而かも此の如き場合に於ける信号命令等は到底通達するものにあらず。故に護送中は運送船の進退動静凡て嚮導艦に随従せしめざる可らず。

三、輸送船隊の復航路は其往航路と区別し且つ可成的相交叉せしめざるを要す。

(註) 各運送船其搭載せる人馬材料等を揚陸し了れば、通常軍艦の護衛を附せずして直に帰航せしむるものとす。而て前方輸送は尚ほ継続すること多きが故に、此等往復の運送船夜中相衝突するの危険あるのみならず、途に相遇ふて或は僚船を敵と誤り、又は敵艦を友艦と信ずるが如きこと屢々之れありて、為に輸送を渋滞せしむること少しとせず。

四、揚陸の地点及之れに到達する時日は極秘に附するを要す。

(註) 軍事凡て機密を重んず、特に其揚陸地点及其時日の如き敵に漏洩するときは殆んど計画の全部を破壊せるに等し。而かも輸送船隊の発船地に於て其漏洩せる実例頗る多し。

五、揚陸地点(敵地)の占領は可成的揚陸開始の当日なるを要す。

(註) 敵地に陸軍を揚陸するには、常に敵の不意に出て、其備無きに乗ぜざる可らず。予め之を占領するは猶ほ敵に揚陸地点を示すが如し。而かも揚陸開始の当日に於ける掩護警戒の設備は完整せざるを以て、此一日間敵をして我揚陸地点を知らしめざるは、作戦上至大の価値あるものなり。

六、揚陸地点は為し得る限り敵の所在地より駆逐艦の一夜航程以上に位するを要す。

(註) 敵艦隊揚陸地の附近に在るときは間接掩護の艦隊をして、之を封鎖若は監

視せしむるものなりと雖も、尚ほ敵駆逐隊の如きは我監視を脱して、揚陸地に来襲するの虞れなしとせず。故に其一夜航程の距離を隔つれば、先づ安全なりとす。但し戦況已むを得ざる場合は此限にあらず。

第二節　護送の方法

○艦隊指揮官陸軍輸送船隊の護送に任ずるときは、前節の要義に則り、先づ艦隊を直接及間接護衛の二隊に区分し、且つ輸送船隊の編制を行ふものとす。

間接護衛に任ずる部隊は通常艦隊の主力にして、敵の全力に対抗し得べき兵力を有せしめ、又直接護衛に任ずる部隊（通常之を単に護送艦隊と謂ふ）は爾余の兵力を以て之れに充つるを通則とす。

輸送船隊の編制は当時の情況に依り差異ありと雖も、概ね左記の諸項に準拠するものとす。

一、全輸送船隊を数回に分ちて護送するときは其一回に属するものを一箇梯団とし、回数に準ひ、之を第一若は第二梯団等と称す。

二、各梯団は更に数箇の群隊に区分して、之れに(A)(B)(C)(D)等の隊号を冠し、各群隊の嚮導として軍艦一隻、及伝令用として駆逐艦若は水雷艇一隻宛を附するものとす。
三、一箇群隊の運送船の隻数は六隻以下とし、其搭載軍隊は可成的同一建制部隊たらざる可らず。而て各群隊の各艦船は常に其前檣頭に隊号の万国信号旗を掲げて、其集団の目標とす。
四、各運送船には一梯団を通して、第一号より始まれる排列番号を賦与し、航行及碇泊に当り、常に此順序に排列せしむるものとす。而て各船の舳艫両舷に此番号の邦数字を大書せしむ（番号を書するには方形の白地に黒書するを鮮明なりとす）。
○輸送船隊航行の方法は、概して第四章に説く処と異らずと雖も、運送船は編隊航行に慣れざるが故に、各群隊の航行碇泊等凡て其嚮導艦をして指導せしめ、航行隊形及航行速力等に多少の余裕を存し、以て其集団整頓を容易ならしめざる可らず。
此趣旨に基き各群隊の航行隊形は嚮導艦先頭の単縦陣（各船の距離五百米突）とし、各運送船は其排列番号の順序に準ひ嚮導艦の通跡を続航せしむ。又梯団の航行陣列は通常隊号を序列とせる縦陣列（各群隊の間隔千五百米突）とし、群隊の数四箇以上なるときは鱗次陣列を執るものとす。但し群隊多数にして陣列の縦長を過大ならしむる場合に於ても、決して三列以上の並列隊形を用ふ可らず。是れ敵襲等のため臨機変針せんとする際、其混雑甚しきを以てなり。而て其航行速力は充分の予備速力を保有せしむるため、梯団中最小速力の運送船の全速より約三節を減じたるものを撰むを通則とす。

夜間に於ける航海灯の点滅は警戒の程度に依り異ると雖も、少くも艦尾三点の間を照らすべき艦尾灯のみを点ぜしむるを安全なりとす。

輸送船隊霧中の航行は最も難んずる処にて、為し得る限り、遭霧前に投錨せしむるを可とす、若し投錨する能はざるときは、ACEの群隊は其儘直進し、BDF群隊は右方若は左方に約五浬偏位して平行航路を前進せしむるを要す。此の如き場合に於て各群隊の嚮導艦長は伝令用駆逐艦（若は水雷艇）をして速力を増加し、隊列に添ふて順次に各後続船の近傍を通過し、「メガホン」を以て其位置、距離及針路等の不正を正ださしめ、終始反覆之を続行せしむるを可とす。

○輸送船隊の直接護衛に任ずる護送艦隊の警戒法は、概ね第七章第二節に記したる警戒航行の要領に準拠す、即ち其主隊は輸送船隊の直前信号距離以内に占位し、爾余の警戒部隊を常法の如く前衛、後衛及側衛として配備するものとす。而て敵の来襲することあるも、常に輸送船隊と分離することなく、其信号距離以内にありて敵を撃退し、尚ほ各群隊の嚮導艦をして安全なる方向に輸送船隊を避難せしむるを要す。

又間接護衛に任ずる艦隊は、通常輸送船隊の前方五十浬、若は来敵の虞ある方向に於て三十浬以上の距離を隔てゝ並進し、尚ほ適当の位地に衛艦を配備して輸送船隊の四周約五十浬の海面を警戒するものとす。而て敵影を発見するときは、輸送船隊に顧慮すること無く、不羈の行動を執りて、一意之れが撃滅に努力するを要す。又敵の所在地明かなるときは直に其地に赴き、之を封鎖若は監視し、以て間接に輸送船隊の航行を安全ならしむることあり。

○輸送船隊を護送せんとするに当り、艦隊指揮官別に他の任務に従事しあるときは、大抵直接護衛に任ずる部隊のみを輸送開始前に輸送船隊其集合地に分遣し、其部隊指揮官をして、護送に関する一切の事務を処理せしむるものとす。

○以上は凡て陸軍大兵団の護送に就き、其方法の要領を説明せるものにて、小部隊の陸兵を搭載せる数隻の運送船を護送する場合等には必ずしも如上の方則に拠るを要せず、時宜に準ひ簡便なる護送法を案画するを可とす。

第三節　揚陸掩護の方法

○艦隊の陸軍揚陸掩護は其護送に連繫せる継続任務にして、同じく之を直接掩護又間接掩護に区別し、其艦隊区分も亦護送当時のものを其儘変更せざるを例とす。

直接掩護部隊は輸送船隊と共に揚陸地に泊在して、其地に於ける掩護警戒の任務に服するの外、尚ほ便宜上揚陸地の占領、揚陸事業の補助其他輸送船隊に直接の関係ある一切の業務を担任するものとし、又間接掩護の部隊は不羈の行動を執りて海上よりの敵襲を予防し、尚ほ揚陸地以外に於ける敵岸の牽制砲撃若は通信機関の破壊等を担任するものとす。而て其泊地は任務上の混雑を避くる為め、可成的之を揚陸地点以外に撰定するを可とす。但し直接掩護部隊の兵力及材料不足なるときは、間接掩護部隊にて揚陸地占領の陸戦隊及揚陸用汽艇端舟の派遣、揚陸地の掃海及固定防禦物一部の設置、其他港外哨区の哨戒等を担任することあり。

○揚陸地に於ける直接掩護部隊及輸送船隊の警戒碇泊の方法は、概ね第七章第三節に記したる碇泊中の警戒法に同じ。**第一図**は即ち其一例を示すものにて、輸送船隊は水深の許す限り、可成的海岸に近づき、之れと直角に群隊隊号の順序に碇泊し、砲艦及水雷戦隊の諸艦艇は、主として陸上掩護に適するが如く、海岸に接して錨位を占め、其他の諸戦隊は輸送船隊の外方約二千米突に碇泊し、海上の敵に対して警戒するものとす。而て防材其他固定防禦物等を更に其外方適当の位置に設置し、航路標識を以て出入の航路を区別するを要す。

第一図

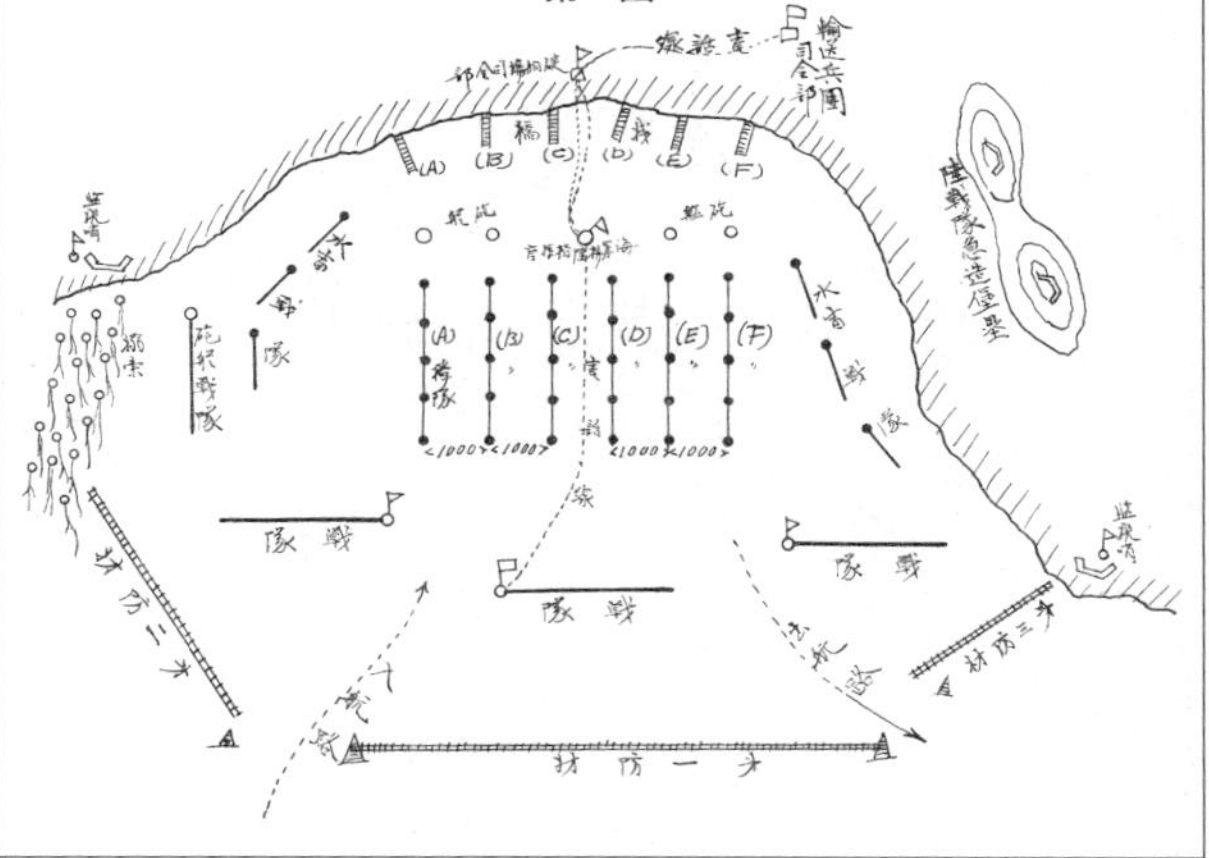

揚陸地に於ける海陸の通信は終始頻繁なるを常とし、到底信号（無線電信は港外の通信に専用さるゝが故に之を利用する能はず）のみに依る能はざるものなり。故に少くも掩護艦隊司令部、海軍揚陸指揮官の乗艦、碇泊場司令部及陸上輸送兵団司令部間に有線電信若は電話を連絡するを可とす。此通信迅速且つ確実なるときは、独り海上若は陸上の敵襲等に際し、敏速に機宜の処置を施し得るのみならず、又揚陸事業の進行を助くること頗る大なり。

○間接掩護部隊は常に直接掩護部隊の警戒区域以外の海面を警戒し、敵の揚陸地に近接し来るものあれば、直に進んで之を攻撃し、敵若し其附近の港湾に伏在すれば大抵之を封鎖するものとす。又其一部は揚陸地以外の敵岸諸処を威嚇砲撃し、或は陸戦隊を揚陸して敵の通信機関を破壊し、以て敵をして我揚陸地点の何れにあるやを疑はしめ、且つ其陸軍を他方に牽制するを要す。

○敵前上陸の掩護は、敵情、地形及我陸軍の要求等に準じて一定せずと雖も、通常輸送船隊到着の前日に於て、間接掩護部隊の一部をして、揚陸地点の敵兵を撃攘せしめ、強勢なる海軍陸戦隊若は之れが為め特派されたる陸軍兵を揚陸して、確実に其地を占領せしめたる後、其翌日より輸送船隊の揚陸を開始するものとす。而て海上及陸上に於ける警備を一層厳重ならしめざる可らず。

○凡そ陸軍を敵地に揚陸するに当り、其輸送船隊の到着後二日間は陸軍の担任に属する桟橋及艀船の設備其他揚陸に関する諸般の準備整頓せざるものなり。而かも軍隊揚陸の要求は当初を以て最大なりとす。故に少くも当初三日間は掩護艦隊より之を補助するの必要あり。之れが為め直接掩護部隊中の一艦長を海軍揚陸指揮官とし、碇泊場司令部に近く其艦を碇泊せしめ。艦隊の各艦より汽艇及端艇若干隻（艦船の大小に準じ隻数を定む）を送りて、同官指揮の下に置き、碇泊場司令官と協議して揚陸事業に従事せしむ。而て陸軍の諸準備整頓するに従ひ、漸次に之を復帰せしむるものとす。

○揚陸地占領の陸戦隊は、通常直接掩護部隊の聯合陸戦隊を以て編成するものにて、初より之を一艦若は二艦に乗組ましめ、先発せしむるを便なりとす。

陸戦隊敵地に上陸するには払暁時前後を可とし、上陸するや否や直に敵の通信機関を破壊若は押収し、且つ土民の逃走を制止するを要す。是れ少くも揚陸開始の当日揚陸地の情況を敵に知られざるが為めなり。而て其主力は内地に通ずる主要の道路に近く集合し、地形に応じて揚陸地域の周囲に警戒線を劃し、之れに適当の哨兵を配備するものとす。又必要あれば要害の地点に野砲堡塁を急造して、敵の来襲に備へ、尚ほ各道路に斥候を派出して、附近の敵情を偵察し、或は鉄道、電信、橋梁等を破壊せしむるを可とす。

第十章　給　与

第一節　給与の要義及品目

○凡そ軍隊の戦闘力を保全し、常に作戦の諸勤務を服行するに遺憾なからしめんとせば、其生存行動に必要なる軍需を欠乏せしむ可らず。海軍々隊は戦時と平時とを問はず、終始艦船と離るゝこと無きが故に、其軍需の一部は之を艦艙に搭載貯蔵し、一時の需要を充たすを得ると雖も、尚ほ数日の後には直に艦船其物の行動に必要なる多量の燃料清水の補給を要し、糧食、被服、消耗品、弾薬の如きも、数週若は一戦闘の後には又其供給を仰がざる可らず。

○軍隊給与の目的は常に其軍需を充実して、其生存行動に支障無からしむるにあり。而して其要義とする処は可成的之れに要する機関を軽小にし、為し得る限り労力と時間の経済を図るにあり。

此要義に基き、海軍給与品目を㈠給炭、㈡給水、㈢給品、㈣給兵の四種に大別し、各其の給与船を異にす。是れ此等各種の品目は各其需要の数量及時期を異にせるが故に、之を同一の給与船に混載するときは、一種品目の欠乏したるため、他種品目を満載せる場合に於ても其給与船を補給基地に往復せしむるの必要を生じ、従て給与船の多数を要するのみならず、往復の航海と其危険とを増加するを以てなり。而て各種の給与中最も需要の繁多なるを給炭とし、給水、給品之れに亜《つ》ぎ、給兵は一戦闘の後にあらざれば其需要あること無し。左に此等給与船の本能の要領を列記す。

一、給炭船は石炭、石油の如き艦船燃料の給与に従事するものにして、凡て運炭、載炭等に必要なる要具及炭夫を装載するものとす。戦時商船を徴発して給炭船とするには、民間の石炭会社若くは石油会社等に於て運炭運油に使用せる特種の船舶を撰むを要す。然らざれば其給炭力著しく減少し、為に労力と時間とを徒費するのみならず、其隻数をも増加せざる可らざるに至る。

給炭船を以て軍艦に給炭するには之を軍艦に横着し、運炭機を以て袋入石炭を積載するを最便とす（小艦船は之を給与船に横着するものとす）、其速度は平穏なる洋中に於て一時間の平均積載量二百噸乃至三百噸なり。

又給油するには給油船の給油喞筒《そくとう》を使用して配給するものにて、其速度は給油口の員数及喞筒の力量に正比す。

二、給水船は艦船の罐水及雑用水の給与（飲用水は大抵艦船にて之を溜造す）に従事するものにして、其船内には清水溜造の大装置を有し、併せて製氷機をも装備するものとす。給水船にして溜造装置を有せず、単に真水を貯蔵するものは其貯蔵量に限りありて、給水力真に少く、且つ屢々補給基地に往復するため、其隻数を増加せざる可らざるの不利あり。

給水船には、給水のため有力なる給水喞筒を備へ、且つ数隻の給水艇を附属するを要す。是れ給水船は其隻数少く、常に自ら移動して艦船に給水すること能はざるを以てなり。給水の速度は此等喞筒の力量及給水艇の員数に正比す。

三、給品船は糧食、被服其他日用消耗品の給与に従事するものにして、其船内には冷蔵庫を有し、多量の生肉、野菜等を貯蔵し得るものたるを要す。而して船艙の他の部分は凡て乾燥糧食、被服及消耗品の倉庫に充つるものとす。戦時商船を徴発して給品船となすには、民間に於ける冷蔵庫会社の船舶を撰むを可とす。

四、給兵船は各種弾薬、魚雷、火工要具等の給与に従事するものにして、特に魚雷調整のため其調整室の設備あるを要す。戦時給兵船の需要あるは概ね一戦闘の後にして、戦闘無きときは給兵船の要務殆んど皆無なり。故に魚雷の修理調整は常に之れに担任せしめ、艦艇の魚雷を始終有効の情態に保たしむるを至便なりとす。

水雷母艦は駆逐隊及水雷艇隊に対する雑多の要務あるを以て、之れに多数魚雷の修理調整を担任せしむること難し。

前記四種の給与船以外に尚ほ水雷母艦ありて、駆逐隊及水雷艇隊のみに対する諸般の給与を掌《つかさど》り、且つ其隊員の休養に充つるものとす。但し水雷母艦は駆逐隊艇隊等と其行動を共にし、半ば作戦に従事すべきものにて、純然たる給与船にあらず。故に其設備も一時的の給与を目的とし、多量の需要は之を各種給与船に仰がしめざる可らず。

○戦時一艦隊に附属すべき各種給与船の隻数は其艦隊兵力及作戦の情況に依り同じからずと雖も、大抵左記の標準に拠るものとす。

一、給炭船　十六隻
一、給水船　二隻
一、給品船　四隻
一、給兵船　二隻
一、水雷母艦　水雷戦隊の員数

前記の隻数を撰みたる所以は、給与船の補給基地に赴くものあるも必ず其一隻を前進根拠地に残留せしめ、且つ艦隊が分離別働する場合に際し、之を二分するの便を得せしめんが為めにして、敢て軍需の積載数量より打算されたるものにあらず。故に作戦の情況に依り、多量の軍需を要するか、或は給与船の容積及設備豊裕ならざるときは此比例に準じ、其隻数を増加せざる可らず。

此等の各種給与船には何れも監督官を乗組ましめ、之に搭載需品の出納経理を担任せしめ、又一艦隊に附属する給与船隊を総轄すべき専務司令官（将官）を置き、之れに必要の幕僚を附属し、以て給与船の行動、軍需の配給及其填補を掌理せしむるものとす。

第二節　給与の種別及方法

○艦隊の給与を大別して、倉庫給与及給与船給与の二種とす、倉庫給与は艦隊が軍港、要港若は需品庫所在地に泊在せるとき、海軍一般の規定に準ひ、陸上倉庫より給与を受くるものにして、軍需の数量及配給の設備最も豊裕便利なり。又給与船給与は艦隊が軍港、要港等を離れ独立して行動しあるとき、之れに附属せる給与船隊に給与を仰ぐものにして、倉庫給与の便なき所に於て之に拠るものとす。故に艦隊が軍港若は要港の附近に行動しあるか、或は其行動中軍港、要港等に寄泊するときは、可成的給与船給与を執らずして、倉庫給与に拠らしむべきものとす。以下主として給与船給与に就き其方法の要領を列記す。

○給与船給与の方法は艦隊行動上の便否に準じ、更に之を左の三法に小別す。

㈠一般給与、㈡特別給与、㈢分配給与

一、一般給与は艦隊集合しあるとき、給与船隊より艦隊一般に給与を行ふものにして、特令なき限り常に之に拠るものとす。而て其要求及供給の手続は需要艦船より信号若は電信を以て其所要品目及数量を直接に給与船隊司令部に要求し、給与船隊司令部は給与船に命じて之を配給せしむること、宛かも軍港に於て鎮守府倉庫よりする軍需供給の如くす。

一般給与の便利とする処は艦隊全般の給与統一さるゝが故に需要の緩急に応じて各種給与船を相融通することを得、従て給与船の船操りを敏速にし、能く少数の給与船を以て比較的多大の需要を充たし得るにあり。故に艦隊一地に根拠するときは多少の集散異動あるも此法に依るを可とす。特に給与船の隻数及準備不充分なる場合に於て然りとす。

二、特別給与は艦隊の一部若は数部が分離して行動するとき、給与船の一部を割きて特に之に隷属せしめ、各別に其給与を分担せしむるものなり。艦隊指揮官特別給与を執らしむる場合には、予め其部隊に附属せしむべき給与船の種類及隻数幷に其期限を指令するを要す。而て其給与事務は凡て当該部隊指揮官の司令部にて之を担任し、其軍需の補充は時の便宜に準ひ、直接に補給基地よりするか、或は艦隊給与船隊司令部に仰ぐものとす。

特別給与は給与船を分割するため、一般給与に比すれば多数の給与船を要するの不利あり。然れども、艦隊の一部が分離別働せる場合等には、此法を執るの外他に給与の途なく、若し強て一般給与に依らんとするときは、其部隊の行動を渋滞せしむるの悪果を生ずることあり。故に給炭の如き必須の需要のみに限り此法を施し、其他の軍需は一般給与を以て配給するを至便なりとす。

三、分配給与は艦隊が給与船隊を伴はずして其根拠地より隔離して行動するとき、多量の軍需を貯蔵せる艦船より、需要艦船に分配給与せしむるものにして、例ば一戦隊が多数の駆逐隊、水雷艇隊を掩護して、遠く敵地に対し作戦せんとする場合等に於て、其行動の敏速を期するがため、給与船を随伴すること無く、戦隊の諸艦より水雷戦隊の諸艦艇に給与せしむるが如き是なり。艦隊指揮官分配給与を執らしむる場合には、予め分配すべき軍需の品目及其数量幷に給与艦と被給与艦の配合を指定するを要す。

分配給与の利とする処は、給与船を伴はずして一時の需要を充たし得ると、給与に要する時間を短縮し得るとにあり。故に敏速を要する行動等には、給与船を伴ふ場合に於ても尚ほ此法を混用することあり。特に駆逐隊、水雷艇隊に対する一時の給与には最も便利なりとす。然れども之を屢々するときは、給与艦の軍需を減耗せしむること大なるが故に、長時日の行動等に於ては終始此法に依る可らず。

○艦隊給与の業務は給与船隊司令部之を掌理すと雖も、艦隊司令部は常に麾下艦船の給与を監督せざる可らず。是れ給与は作戦の実施と密接の関係を有するが故に、需要艦船随時任意の要求に委する可らざるを以てなり。之れが為め艦隊指揮官が需要艦船及給与船隊司令官に指令すべきものは左記の諸項なり。

一、給与法の種類（特令なきときは一般給与に依るものとす）

二、配給の順序及数量

三、給与の時期及時限

艦隊一地に碇泊し艦船の行動するもの少く、且つ給与船隊の軍需豊裕なるときは、艦隊指揮官は特に令して各艦随時に必要の軍需を給与船隊に要求受領せしめ、常に其

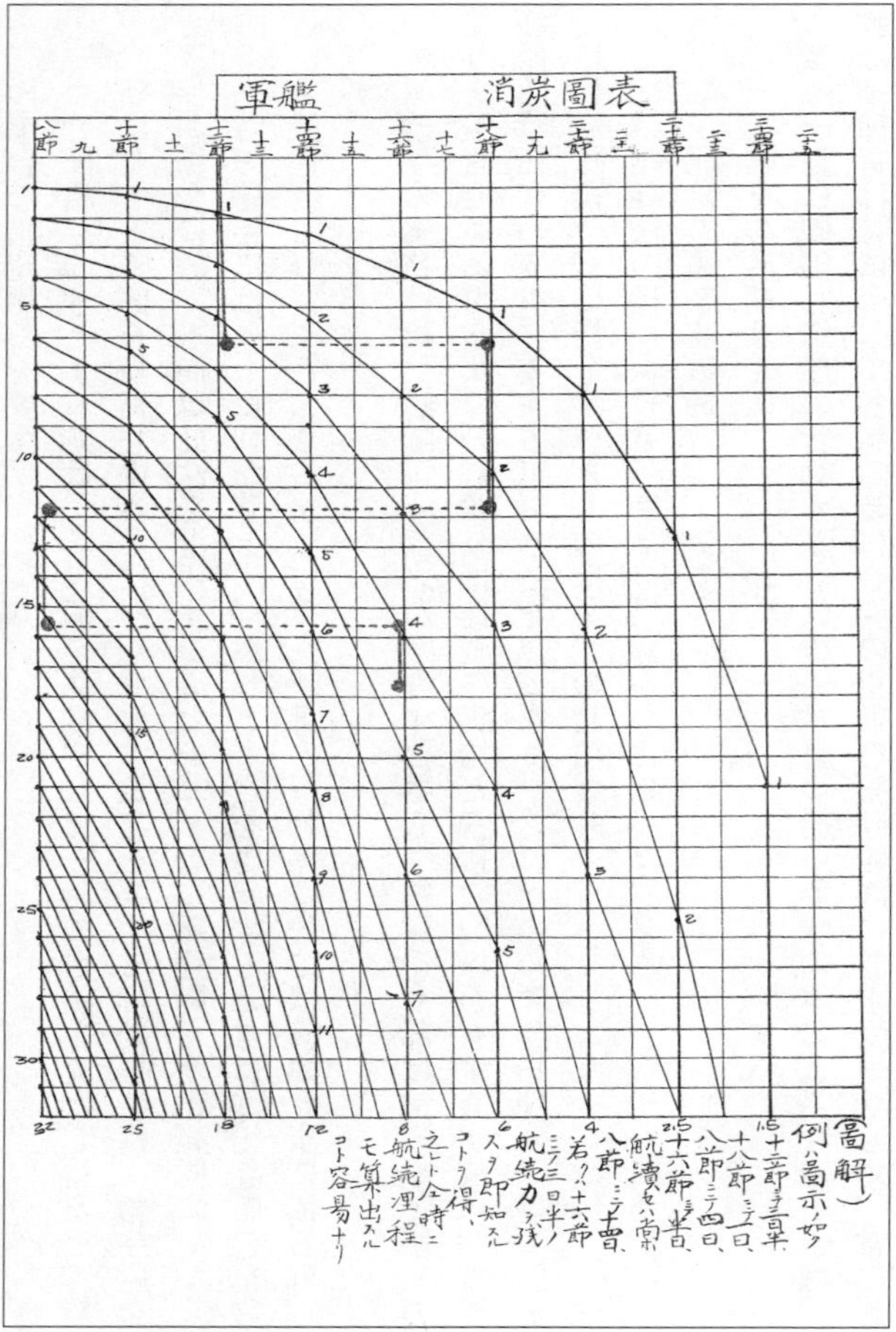
軍艦　消炭圖表
八節　九　十節　十一　十二節　十三　十四節　十五　十六節　十七　十八節　十九　二十節　二十一　二十二節　二十三　二十四節　二十五
（圖解）
例ハ圖示ノ如ク
十二節ニテ三十日、十八節ニテ十日、八節ニテ四十日、十六節ニテ十四日、航續セハ
八節ニテ十四日、若クハ十六節ニテ三日半ノ航続力ヲ残スヲ即知スルコトヲ得、之ヒト全時ニ航続里程モ算出スルコト容易ナリ

軍需を充実せしむるを可とす。然れども、麾下艦船の任務上其需要に緩急の差別あるか、或は給与船隊の軍需豊裕ならざるときは、必ず需要の緩急及び軍需の現量に準じて配給の順序及数量を指定し、以て麾下艦船の任務を遂行するに支障無からしめ、且つ其軍需の積量を平均して過不足なからしめざる可らず。又全隊作戦に従事する場合等には、常に給与の時期及時限を指定し、濫りに炭水補充等を為さしめ、作戦の進行を渋滞せしめざるを要す。

○艦隊の給与を監督し、其需要と供給を調和して遺算なからしめんとせば、其艦隊司令部及給与船隊司令部は常に艦船及給与船に搭載せる軍需の貯蔵現量幷に其消耗の速度を知悉するを要す。之れが為め艦隊指揮官は艦隊の航海せると碇泊せるとを問はず、毎日時を期して艦船及給与船軍需（燃料及清水）の現量を報告せしめ、之を艦船及給与船軍需現額表に記載して一覧の便に供へ、且つ艦船の行動を消炭図表（附表）に記入して参考となすを要す。

（附録）

艦隊戦務用図書の分類

○隊外の部

一、受令綴　最高等司令部よりの命令、訓令等一括

二、受報綴

三、渉議綴　他部と交渉協議したる往復書類（照会、回答共）

四、上申及要求綴　人事、艦政、給与等に関し当該司令部より海軍省若くは陸上海軍官衙等に差出したる上申及要求書複写並に之に対する回答

五、進達報告綴　当該司令部より最高等司令部に進達したる報告の複写

六、雑件綴　通知、伺等凡て前記五項以外のもの

（註）省令、辞令、官報の如き規定の受領書類は別に其種類に準じて綴り置くものとす。

又電信、信号等にて発受したるものも必ず其原文を筆記して之れに適応する部門に綴り込むべきものとす。

又件名摘要簿を具へて之れに件名を記入す。

○隊内の部

（令達）

一、命令、訓令、訓示綴

二、法　令　綴

三、日　令　綴

四、告　示　綴

（註）電信、信号等にて発令したるものも必ず其原文を筆記して之に適応する部門に綴り込むべきものとす。

又件名摘要簿を具へて之に件名を記入す。

（報告及通報）

一、現状報告綴

二、航泊日誌摘要報告綴

三、艦砲射撃及水雷発射成績報告綴

四、任務報告綴

五、事件報告綴

六、情況報告綴

七、通報綴
八、雑報綴
（註）電信、信号等にて受領したる報告等も必ず其原文を筆記して之れに適応せる部門に綴込むべきものとす。

又件名摘要簿を具へて之れに記入す。

（隊務用表）
一、令達発送表
二、艦船行動表
三、艦船職員表
四、艦船石炭現額表
五、艦船真水現額表
六、給与船軍需現額表
七、艦船入渠表
八、礼砲記録
（隊務用図）
一、戦域の戦略兵要図

二、戦略要点の戦術兵要図
三、艦船行動図表
四、艦船消炭図表

海軍戦務　別科

演習

第一節　演習の目的及要義

○演習は軍隊教育の高等最終の科程にして、軍隊を実地に動作せしめ、実戦の諸業務を実演せしむる応用教育なり。故に之れに演習の名称を附せり。

抑々《そもそも》軍隊の教育は之を大別して、基本教育及応用教育の二種とす。基本教育は各教育単位（即ち所謂教育基本部にして、戦闘単位を以て直に之に充つるを原則とし、海軍にては一艦若くは一艇隊、又陸軍にては兵種に応じ一中隊若くは一大隊を単位と定むるものなり）各個に之を施行し、講習及操練等に依り、一艦若くは一艇隊として、其戦闘力を完全に発揮し得る迄に之を教育するを程度とす。即ち艦艇内に於ける、日常の諸教練是なり。又応用教育は二個以上の教育単位を合して、之を施行し、各単位をして、其基本教育の成果を実地に応用するに習熟せしむると同時に、各単位の指揮官（即ち所謂基本長）以上をして、其部下を指揮運用して作戦するに練磨せしむるものにして、演習は即此後者に属せり。

○演習の目的は教育を主眼とすれども、又之に附随して試験の目的を有す。乃《すなは》ち左に分類して之を列記す。

教育の目的（主眼）

一、各級軍人をして、実戦の動作業務に習熟し、実戦の労苦を知覚せしむること。

二、各級指揮官をして、戦勢と其変化に応じて作戦を計画し、其部下を指揮運用して之を実施するに習熟せしむること。

三、各艦団隊をして、一作戦目的に対し、他隊と協同動作するに習熟せしむること。

試験の目的（副次）

一、軍事教育（軍隊基本教育其他学校教育等を包含す）の進歩及其成果を撿定すること。

二、諸種の規定計画、設計、戦備、戦法、戦務等の適否を撿定すること。

三、軍用諸機関の機能及用法の良否を撿定すること。

演習の大小其種類に論なく、其目的とする所は実に前記せる諸項に外ならず。就中《なかんづく》教育の目的は其主眼たるが故に、濫《みだ》りに副次的試験の目的のみを以て、演習を施行すべきものにあらず。唯だ教育の目的を達成するの傍ら、便宜上試験をも並施するに過ぎず。且つ夫れ試験の目的に対しては、強て演習に依らざるも、撿閲其他実験等の方法を以て、之を遂行し得られざるにあらずと雖《いへど》も、教育の目的たる前記三大要項に至りては、演習なる応用教育の科程に依るの外、他に之を達成するの途無きなり。然《しか》るに動《やや》もすれば、彼の出師準備の一部を実施し、或は予備艦を就役し、予備員を召集して、其速度を撿定する等を以て、演習の本領と誤認し、主眼の目的が出師準備実施の練習、予備艦若《もし》くは予備員の教育に在るを忘るゝもの無きにあらず。斯《かく》の如きは演習の何物たるを解せずして、濫りに軍隊教育を蹂躙するものと謂つべきなり。要するに、演習は未だ教育進行中の一科程に属し、科程を卒業せずして、試験の成績を挙げ得べからざるは言ふを竢たず。彼の演習終結後の講評に於て、常に教戒を主として批難を避くるも、亦此趣旨に外ならざるなり。

○副次の目的は先づ措《お》いて問はず、主眼たる教育の目的を達成せんと欲せば、演習は凡《すべ》て左の要義に準拠して、之を計画実施せざる可《べか》らず。

演習の要義

一、基本教育の範囲内にて施行し得べき教育事項を除き、主として基本教育にて習得したる技能を実際に応用する如く、実地に動作せしむること。

（註）教育の目的第一項に対応す。

二、実戦の想定を設け、或る戦勢の下に動作せしめ、可成的対抗若は仮設敵を置て、相動作せしむること。

（註）教育の目的第二項に対応す。

三、二箇以上の教育単位若は団隊を合し、対抗又は協同して動作するを得せしむること。

（註）教育の目的第二及第三項に対応す。

如上の要義を遵守して、演習を計画実施するときは、軍隊教育の最終高等の科程として、教育の目的を達するを得べしと雖も、若し之に準拠せざれば、多大の演習費を徒費して、唯だ演習の形式を挙ぐるに止り却て基本教育以上の効果を収むること能はざるべし。例《たとへ》ば茲《ここ》に二個の教育単位たる、一艦及一艇隊ありて、各《おのおの》々個々に演習を施行せば、仮《た》とひ或る戦勢を想定して、之を演ずるも、殆ど基本教育に属する操練若《もしく》は作業を重複するに止り、演習の価値も亦趣味をも感得すること無かるべし。何となれば一艦若は一艇隊として、其全能を発揮せしむる迄の教練は基本教育の範囲に属し、戦勢の想定を設くるが如きは、日常の操練に於ても為し得べきことなればなり。若し又一個の教育単位を強て二個に分別して、対抗せしむるときは、是ぞ却て教育組織を攪乱し、教育上有害無益なるべし。何となれば教育単位は本来戦闘単位より成り、実戦に際し、単位が分離して動作すべきものにあらざればなり。然るに此の二個教育単位を合し、水雷艇隊は軍艦を攻撃目標として、之を襲撃し、又軍艦は艇隊を敵として、或る戦勢の下に之を防禦するが如く、相対抗せしむるか、或は軍艦及艇隊一団となりて、一つの作戦目的に対し、協同動作せしむれば、此こに初めて演習の結構を成立し、実戦の予行たるべき応用教育として、其真価を認むるを得べし。軍隊特に其指揮官に最も必要なる、敵情の観察及其判断、戦勢の変化に適応する機智及其決断、友軍僚隊に対する協同連繋の思想及其整度等は、実に此間に養成せらるゝものにて、此等は到底基本教育の範囲内に於て、教育し得可らざるものなり。

○演習は凡て前記の要義に準《なら》ひ、其全演習部隊の最高指揮官之を計画し、且つ之を統監指導すべきものなり。例ば一艦隊の小演習は其司令長官之を統監し、一師団の機動演習は其師団長之を指導するが如し。是れ軍隊は之を指揮統率するもの之を教育するの原則に基けるものにて、即ち一団隊の指揮官が其部下に対する最終の教育として演習を施行し、且つ之れに依りて自己の監督したる下級教育（下級教育とは艦隊教育に対し一艦の基本教育、或は旅団教育に対し聯隊の教育等を謂ふ）の進歩及其成績を撿定する所以《ゆゑん》なり。故に若し演習の計画実施を他人に委するが如きことあれば、当該指揮官は其職責を尽さゞるの咎を免れざるのみならず、指揮の系統を錯乱するに至るべし。此故に海陸軍の大部を挙げて施行する海陸軍聯合大演習は、職責の帰する処、大元帥陛下親しく之を統監せられ、海軍の全部若は大部を以てする大演習は、軍令部長若は教育本部長出でゝ之を統監し、（陸軍にては参謀総長若は教育総監）又一艦隊或は一鎮守府の小演習は各其司令長官之を統監するを例とし、皆是れ教育の責任上然らざる可らざるを以てなり。之れと同時に各級指揮官は又縦《ほしいま》まに下級教育に直接干渉すべきにあらず。例ば艦隊司令長官若は司令官等が艦長の責任に属する基本教育に干渉し、或は師団長若は旅団長等が聯隊長の教育の方法に容喙するが如き是れなり。素より上級指揮官は下級教育監督の責任あれども、其実施の責任は当該部隊の指揮官にあるが故に、若し斯くの如くなるときは、啻《ただ》に職責の帰する処無きのみならず、指揮の系統を混乱して、軍紀上に悪果を来たすことあり。

○之を要するに演習の目的の何《いづ》れにありて、其教育の目的を主眼とし、試験の目的を副次とすること、幷《ならび》に教育の目的を達成するの要義等を服膺するときは演習の大小種類を問はず、之を施行するの方法は自ら案出さるべきものにて、必ずしも複雑なる規定若は形式に拠るを要せず。然れども尚ほ演習は実戦的応用教育として、実戦に比し、左記の欠点あるを免れざるものなり。

一、弾丸飛来せざるが故に、殺傷被害の程度を見る能はざること。
一、生死の現象及其観念なきが故に、士気の盛衰を知る能はざること。
一、損害及費用を慮るが故に、物資の破壊を現実にし終局迄対抗せしむる能はざること。

此等の欠点を皆無ならしめんと欲せば、実戦其物を演ずるより、他に教育の方法無く、是れ実に実戦が最良の教育と謂はるゝ所以なり。然れども平時に於ては、到底演習に優さるべき実戦的教育無きを以て、演習を指導する者と之れに従事する者とを問わず、皆念頭に実戦の観念を固持し、実際に起るべき現象を見る能はざる所に想像して、進む可くして進み、退くべくして退き、苟《いやしく》も実戦に遠かりたる挙動無らしむれば、庶幾《ねがは》くば以て演習の実効を挙ぐることを得、終に却て実戦をして演習の如くならしむるを得べし。

第二節　演習の階級及其範囲

○一般教育に基本及応用の二大階梯あるが如く、演習其物に於ても、亦先づ初等の基本演習より、順次高等の階級に移るを例とし、之れに参加すべき兵力にも大小ありて、各其兵力に相応する教育を施すべきものにして、軍の海陸を問はず、大抵左の四階級に種別せらる。

一、基本演習（一個戦術単位の演習）
二、小演習（一箇戦略単位の演習）
三、大演習（二箇以上戦略単位の演習）
四、聯合大演習（海陸軍の各二個以上戦略単位の聯合演習）

㈠基本演習は各戦術単位（海軍にては一個戦隊若は一個水雷戦隊、陸軍にては兵種に依り一個聯隊若は一個大隊等とす）各個に施行すべき演習にして、其目的とする処は、之を編成せる各戦闘単位（一艦、一駆逐隊若は艇隊等を謂ふ）の教育を完成し、其能力を合同して、戦術単位として動作するを得せしむるにあり。而て特に二個以上の戦術単位を聯合して演習せしむるときは、之を聯合基本演習と謂ふ。此演習は年中毎季若は毎月施行するを以て、又四季演習或は月次演習等の称あり。

此演習に於て攻究練磨すべき作業は、主として小戦術及小戦務等の範囲に属する下級の業務にして、大戦術又は戦略等に属する高等の作業を課せざるを要す。何となれば、是等は皆小演習若は大演習の階級に移りて、攻究すべきものにて、基本演習は其名称に指示する如く、凡《すべ》て大小演習の基礎を作るものなればなり。即ち海軍にては概《おほむ》ね左記の作業を演習するものとす。

一、戦闘単位の対抗戦闘動作
二、戦術単位若は二個以上戦闘単位の協同戦闘動作
三、同　　　偵察動作
四、同　　　捜索動作
五、同　　　警戒航行及碇泊
六、同　　　封鎖配備
七、同　　　港湾防禦
八、同　　　聯合陸戦
九、同　　　聯合掃海及探海
十、同　　　聯合装砲艇隊の運動

基本演習の時限は二、三日を超へざるを度とし、其地域も大抵一地点に於てし、多くも一昼夜航程を超へざる区域たるを要す。是れ戦術単位の行動日限及地域として、適当の範囲なるを以てなり。而て此演習は予《あらかじ》め時期を定めず、基本教育の進歩程度と航海碇泊の情況とに考へ、臨機施行するを便利なりとす。例ば各艦已《すで》に陸戦隊の操練に習熟せる場合に際し、会《たま》ま陸上演習に適当なる一地に碇泊せるときは、其機会を失せ

ず、聯合陸戦隊基本演習を施行し、或は又甲地より乙地に航海するの機会を利用して、警戒航行若は捜索運動の演習を施行するが如し。若し予め演習の期日を定めて、毎季に一回四季演習として特に之を施行するときは、啻に消炭の不経済あるのみならず、攻究練磨し得る作業の種類も僅少にして、秋季の小演習迄に、戦術単位の教育を完了する能はざるべし。

又此演習は演習部隊の兵力多きときは、対抗的に計画して、其指揮官之を統監するも可なりと雖も、多くは仮設若は仮想敵を置き、指揮官自ら全軍を指揮して、之を行ふを効果大なりとす。是れ戦術単位を分割して、少数の戦闘単位を対抗せしむるも、攻究の価値比較的僅少なるを以てなり。

(二)小演習は各戦略単位（海軍にては一個艦隊若は一鎮守府、陸軍にては一個師団若は混成旅団等とす）各個に施行すべき演習にして、其目的とする処は、之を編成せる各戦術単位の教育を完成し、其能力を合同して、戦略単位として動作するを得せしむるにあり。海軍にては此演習を艦隊若は鎮守府小演習と称し、陸軍にては師団若は旅団機動演習（各兵種を合して行ふ演習を機動演習と謂ふ）と称す。又特に二個以上の戦略単位を聯合して演習せしむるときは之を聯合小演習と謂ふ。此演習は毎年一回教育年度の終りに於て秋季に施行するを例とするが故に、陸軍にては又之を秋季演習と称せり。

此演習に於て攻究練磨すべき作業は、主として戦術、戦務及小戦略等の範囲に属するものにて、已に基本演習を卒業し、各個の練磨を積みたる戦術単位数個を合して、更に高等の作戦業務を攻究習得せしむ。即ち海軍にては、概ね左記の作業を演習するものとす。

一、同兵種戦術単位の均勢対抗（戦術及戦略的）
二、同　　　不均勢対抗（右同）
三、異兵種戦術単位の均勢対抗（右同）
四、同　　　不均勢対抗（右同）
五、混成戦術単位の対抗（右同）
六、戦略単位（若は二個以上の戦術単位）の協同作戦行動
七、戦略要点（軍港要港等）防禦計画の実施

小演習の日限は四日乃至《ないし》七日間を度とし、又其地域は作業の種類に依り、一地点若は二昼夜航程に超へざる区域を撰むを可とす。此演習は毎年一回秋季に入り、教育年度の終りに於て、各戦術単位が各種基本演習を卒業したる後に施行すべきものにして、若し其素養足らざるものあるときは須《すべから》く演習日限を増加し、先づ基本演習の練磨を得せしめたる後、本演習に移るを可とす。然らざれば正当の科程を履まざるが故に、

演習の効果を挙ること難し。

此演習の計画は大抵対抗的にして当該戦略単位の指揮官之を統監し、対抗せる戦術単位の各先任指揮官をして両軍を指揮せしむるを例とす。然れども亦仮想若は仮設敵に対し、全戦略単位を一指揮の下に動作せしむるときは、両軍中の先任指揮官をして之を指揮せしむるか或は別に統監を置かず、当該戦略単位の指揮官自ら之を指揮することあり。

㈢大演習は戦略単位二個以上を合して、施行する演習にして、其目的とする処は、各戦略単位の教育を完成し、其能力を合同して、大作戦に従事するを得せしむるにあり。海軍にては大抵二個以上の艦隊及鎮守府等を合して、之を施行し、場合に依り移動兵力の全部を参加せしむることあり。又陸軍にては通常二箇乃至四個師団を参加せしむ。

此演習にて攻究練磨すべき作業は、主として戦略及大戦術の範囲に属し、小演習に於て、兵力上実施するを得ざる大規模の作戦業務を攻究せしむるものにして、戦略単位以上の高等司令部員の練磨は、実に此演習に於てするの外、他に其機会あらざるなり。即ち海軍に於ては概ね左記の諸作業を演習するものとす。

一、二地点に隔離せる戦略単位の均勢対抗

二、同　　　　　不均勢対抗

三、三地点に隔離せる戦略単位の均勢対抗

四、同　　　　　不均勢対抗

五、二個以上戦略単位の協同作戦行動

大演習の日限は通常一週乃至二週間にて、其地域は参加兵力の多寡に準じ、特に標準あらずと雖も、大抵三昼夜航程を超へざる区域を撰むものとす。又此演習は三年に一回之を施行するものにて、各戦略単位が其年度の小演習を了りたる後、直に之を続行するを教育上及経済上便利なりとす。而て若し小演習を了らざる場合には、特に大演習の日限を増加し、先づ各戦略単位の小演習を行ひ、然る後本演習に移らざる可らず。（大演習を施行する年度の小演習を行はざるが如きは正当の科程を履まざるものにて、教育の原則に違背す）陸軍にては総戦略単位を同時に大演習に参加せしむること能はざるを以て、毎年方面と参加部隊を変更して、之を施行し、各戦略単位をして三年に一回宛《づつ》交番参加せしむるを例とし、又之に参加するものと然らざるものとを問はず、大演習に入る前、必ず先づ師団機動演習（即ち小演習）を施行せしむ。

此演習の計画は大抵対抗的にして、軍令若は教育の最高指揮官（海軍にては軍令部長若は教育本部長）之を統監指導し、対抗せる戦略単位の各指揮官をして両軍を指揮せしむるものとす（但し二個以上の単位を合して対抗軍を編成するときは、別に高級の指揮官を定むるか或は各単位中の先任指揮官をして指揮を掌らしむ）。若し又全演習部隊を一団と成し、仮設又は仮想敵に対し協同動作せしむるときは、両軍中の先任指揮官をして、之を指揮せしむるか、或は統監自ら之を指揮することあり（演習終結の後、対抗両軍を合して一団と成し、観艦式等を挙行する場合には統監之を指揮するを例とす）。

㈣聯合大演習は海陸軍各二個以上の戦略単位を聯合し、同一方略の下に、海陸の地域に亘りて施行する演習にして、其目的とする処は、海陸軍の協同作戦に習熟し、国軍として其全能を発揮せしむるにあり。此演習は時期を定めず、特別に施行するものなるを以て、又之を特別大演習と謂ふ（但し陸軍にて、「特別大演習」と称するものは普通の「大演習」なれば之れと混同すべからず）。

此演習に於て攻究練磨すべき作業、并に演習の日限地域等は大概前記大演習のものに同じく、唯だ海陸に連繫して計画するを異れりとす。其計画は或は海陸両軍を双方に分割するか或は又一方にのみ海軍若は陸軍を編入して対抗せしむるものにて、決して海軍と陸軍とを対抗せしむること無し。而て大元帥陛下演習を統監せられ、対抗軍双方の海陸軍指揮官中先任のもの各之を指揮するものとす。

○演習の階級及其範囲は大要前記せるが如し。実に軍隊の教育は此等の階梯を正当に経由し、各其範囲に属する完全なる練磨を積みて、終に全科卒業の練度に達し、以て有事の日に活用さるべき資格を具備するに至るものにて、上は将官より下は兵卒に至る迄、皆之に依り相当の教育を受けざる可らず。若し夫れ軍隊中教育を要せざるものは、原則として、唯だ全智全能の大元帥陛下御一人あるのみ。彼の一艦若は一隊等の長にして、我が研究練磨已に了れりと誤信するものあれば、先づ此原則如何を研究するを要す。

第三節　演習の計画及実施

○凡そ演習は其階級の大小を問はず、左記三種類の何れかに計画実施するものとす。

一、対抗演習

二、仮設敵演習

三、仮想敵演習

対抗演習は実員兵力を以て、対抗すべき演習部隊を編成し、或る戦勢の下に（演習方略を以て之を指示す）現実に相対抗せしめ、双方の発動後戦勢の変化するに応じて、互に臨機の措置を執らしめ、其間に於て作戦の諸業務に練磨習熟せしむるものなるを以て、比較的克く実戦に近似し、演習の目的を達成するには最も適切なりとす。然れども兵力を双方に分割するが故に、全軍一団の動作を攻究せしむる能はざるの不利あり（例《よ》ば一戦略単位の対抗演習に於ては戦術単位間の対抗となり、戦略単位全隊の動作を攻究する能はざるが如し）。

仮設敵演習は演習部隊より小数の兵力を分割して、之を仮定の対敵目標とし、或る戦勢の下に、演習部隊大部の動作を執らしむるものなり。故に之を対抗演習に比すれば、比較的大兵団の動作に習熟練磨せしめ得るの利ありと雖も、対敵の仮設兵力寡少にして、仮りに之を大兵力と想定するも、本来実員に充たざるを以て、之れに対する動作も較《や》や実戦に遠かるのみならず、仮設敵としたる一小部隊には、此演習に於ける教育を施すこと能はざるの不利あり。

仮想敵演習は全然対敵を想像の裡に画き、或る戦勢の下に、全演習部隊の動作を執らしむるものにて、前記仮設敵の如く、兵力の一部を割除するの不利なしと雖も、対敵目標なきが故に、現実に遠かること愈《いよい》よ大なり。

之を要するに三種の演習、各利害ありと雖も、実戦的応用教育として、最適切なるものは対抗演習にて、仮設敵演習之れに亜《つ》ぎ、其仮設敵の兵力を増加するに従ひ、益々対抗演習に近邇す。若し夫れ仮想敵演習に於てする全演習部隊一団の動作の如きは、必ず之れに依らざるも、更に上級の演習に移りて攻究練磨し得られざるにあらず（例ば小演習にて為すを得ざる大部隊の動作は大演習に移りて攻究するが如し）。然れども上級の演習に移るの前、其予行として、全隊一団の運動等をも実習し置くの必要あるが故に、仮想敵演習も亦之を施行するの要求無きにあらざるなり。
○演習計画上の種別を前記の三種とし、茲に一演習を計画するには、逐次左記の諸要項を劃定せざる可らず。

一、演習部隊の編成
二、演習地域の撰定
三、演習日限の算定
四、演習方略の構成
五、演習消耗品の制限

此五要項は何れも相関連せるが故に、時の要求に準ひ、或は地域、日限等を先決して爾余の諸項に及ぼし、或は又消耗品の制限を第一とし、其他を第二に置くが如きことなりと雖も、特に要求なき場合には右列記の順序に準拠するを原則とす。今左に大演習若は小演習等を計画するに当り、此五要項に就き、特に考慮すべき要点を列記せんとす（但し基本演習は本来其規模小なるを以て其計画も頗《すこぶ》る簡易にして別に多大の考慮を要せず)。

㈠演習部隊の編成

対抗演習の演習部隊を編成するには、対抗両軍の勢力を略《ほ》ぼ均等ならしむるか、或は不均勢なるも、一方に攻撃力防禦力等の長所あると同時に他方に運動力通信力等の余裕を有ぜしめ、又は優勢の一方に其行動を拘束すべき非戦列艦船等を加へ、劣勢の他方に其援助たるべき固定防禦等を附属し、凡て戦術的対抗の成立し得るが如く、編成するを要す。左に其理由を詳記せんに、抑《そもそ》も演習なるものは大演習の如き高級指揮官、戦略上の攻究を主とするものに於ても、尚ほ之れと同時に各級指揮官及下士卒を練磨するの機会を得せしむるを目的とせるが故に、単に之を戦略的対抗のみに止めず、両軍相触接衝突して戦術的対抗をも行はしめざる可らず。然るに演習部隊の編成其当を得ずして、対抗両軍の勢力著しく均等を失するか、或は到底戦術的に対抗し得ざるものなるときは、劣勢の一方は終始避戦を当然とすべきが故に、仮《たと》ひ統監部が方略若は情報等を与へて、之を触接するが如く指導するも、遂《つひ》に衝突せしむること難きのみならず、強て衝突せしめ得たりとするも、其対抗本来不自然なるを以て、両軍指揮官用兵の巧拙等を験するの余地無く、従て之れに依りて得たる演習の効果も洵《まこと》に僅少なるべし。是故に対抗演習の演習部隊の編成は、対抗両軍戦術的対抗の成立し得るものなるを要す。此趣旨に基き演習部隊を編成し、演習部隊編制表として之を発表す。

仮設及仮想敵演習の演習部隊の編成に就ては、特に記すべきこととなし。唯だ仮設敵部隊には可成的演習の経験ある部隊を撰《えら》み、最も老練なる指揮官を之れに附するを要す。是れ仮設敵は其機宜の行動に依り、本隊を教導すべきものにて、其動作の適否は演習の効果に影響すること至大なるを以てなり。

㈡演習地域の選定

演習の地域は島嶼、港湾、海峡等（陸上にては丘陵、河川、隘路等）の如き、地形の利用すべきものある処を可とす。特に其地域が有事の日の戦域と一致するときは、其演習に於ける攻究錬磨の価値甚だ多し。而て毎演習に之を変更するを例とすと雖も、重要なる戦域（例ば対馬海峡台湾海峡の如し）に於ては、諸種の方略の下に数回の演習を重ぬるを可とす。是れ同地域と雖も、戦勢の異同に依り、種々の結果を呈するものなるを以てなり。

演習地域の面積は演習部隊の兵力に適応するを要す。兵力に比し地域広大なるときは、両軍対抗の行動自在に過ぎ、演習の指導を困難ならしめ、且つ無効の運動に多大の軍需を消耗せしむ。之れに反し地域狭小なるときは戦勢の変化あらしむるの余地なきのみならず、両軍指揮官の用兵の技能を拘束するの弊害あり。故に前節に述べたる如く、各級演習の地域に限度の範囲を指示しあるも、尚其範囲内に於て、演習部隊兵力に応じて、之を伸縮せざる可らず。但し演習地域は広きに過ぎたるよりも、狭きに失したる方、其害少しとす。何となれば戦略的研究の効果少きも、尚ほ戦術的練磨を得るの利あるのみならず、行動用燃料をも節約すればなり。

㈢演習日限の算定

演習の日限は前段二項の兵力及地域の大小広狭に準じて、之を算定するものにて、其過不足の弊害は、前項に述べたる、兵力に比し地域の過大過小なるものと同一なり。故に又各級演習日限の規定範囲内に於て、之を加減するを要す。

一定の演習日限内に於て、若し対抗演習と仮設若は仮想敵演習とを施行する場合には、前者に其四分の三、後者に其四分の一の日数を宛つるを通則とし、先づ小単位の対抗演習を行ひ、次に両軍を合して、大単位の仮設若は仮想敵演習に移るを可とす。而て演習の構成如何に依り、之を二期若は三期に区分するものなり。

又演習の準備に要する時日、例ば演習部隊が演習地に集合するに要するが如き時日は、凡て演習日限に算入せざるを要す。然らざれば、規定の日限に有効の演習を計画実施せしむること難く、従て纔《わづ》かに形式を履んで、演習を了らざるを得ざることあるのみならず、平常の勤務と実戦的演習の勤務とを区別すべき限界無く、為に軍隊の教育上に悪影響を及ぼすの虞《おそれ》あり。演習已に開始せられ、交附されたる方略に依り、対抗の戦勢成立したる後は、演習部隊の上下皆実戦の観念を持して、真面目に之れに従事せしむるを要するが故に、苟《いやし》くも平常勤務に属する時日を正味の演習日限に混入するは不可なり。

㈣演習方略の構成

前段列記したるが如く、兵力、地域、及日限の三要項（即ち力、地、時の三要素）定りたる後、演習の方略を構成す。方略は演習部隊対抗の戦勢現下の境遇、其有する任務若は受けたる命令、或は友軍及び敵軍に関する情況等を示し、以て其動作を指導する想定に過ぎず。故に又之を想定と謂ふ。

凡そ演習の方略は簡明にして適確に理会し易きものたるを要し、複雑にして之を会得するに、少からざる判断と推察を要するが如きものなる可らず。是れ演習の要旨は、其開始の際に於ける戦勢の判断等にあらずして、明白なる戦勢の下に適当に動作せしめんとするにあるのみならず、簡単なる方略と雖も、之れに依りて演習を実施するに至れば、戦勢の変化雑多なるものなるを以てなり。然れども亦簡単と粗略とを混同す可らず。粗略にして漠然たる方略は誤解若は解釈の異同等より、往々演習を意外の方向に経過せしめ、再び之を適当に指導せんとするも、遂に拾収す可らざるに至ることあり。

対抗演習の方略は通常之を一般方略及特別方略の二種に区別す。前者は対抗両軍に共通せる全局（演習地域以外を含む）の戦勢を双方に指示し、又後者は其の一方のみに知らしむべき、局部の情況、其有する任務、若は得たる情報等を指示するものなり。尚ほ之を指示すべき事項の性質に就き分類すれば大要左記の如し。

一般方略に指示すべき事項

(イ)対抗両軍の双方之を知りて、各其敵も之を知れるを知るもの。

特別方略に指示すべき事項

(ロ)対抗両軍の双方之を知るも、各其敵が之を知るや否やを知らざるもの。

(ハ)対抗両軍の一方のみ之を知れるもの。

(ニ)対抗両軍の一方二地に隔離しありて、其一部のみ之を知れるもの。

此故に演習の方略は常に必ず之を二種に区別するの要なく、若し凡て前記(イ)項の分類に属する事項のみを以て、方略を構成し得るときは、特に特別方略を用ふるに及ばず。然るに(ニ)項の如き事項あるときは、隔離せる一軍の各部に異種の特別方略を与へざる可らず。

左に日露戦役黄海海戦の後に擬し、対馬海峡を演習地域とせる、小演習の一般及特別方略の一例を示し、其構成の要領を説明す。

○一般方略

一、黄海に在りし南軍主隊（仮想）は旅順を脱出したる北軍主隊（一部仮想一部実員）を撃破し、之を対馬海峡に向て追撃中なり。

二、別に南軍の一支隊（実員）は予《かね》て対馬海峡を扼守す。

三、日本及朝鮮の領土は凡て南軍に属す。

（説明）是れ南軍支隊と北軍主隊の一部とを実員演習部隊とし、対馬海峡に於て対抗せしむるため、全局の戦勢を示すものなり。此両支隊を対抗せしむるに、仮想の南軍主隊若は北軍主隊の一部に関することを指示するの必要なきが如しと雖も、是れ海峡に於ける両支隊の対抗を成立せしむる元素たるのみならず、演習の経過中必要あれば、統監部が此仮想兵力に関する情報等を与へて演習を適当に指導するに要するものなり。若し之れなきときは演習の経過予期に添はざるとき対抗両軍の行動を制御するに苦むことあり。故に多くの場合に於て方略には仮想兵力を加へ置くを可とす。

又一般方略には通常対抗軍一方の企図若は意図等を指示せざるものたるに拘らず、本方略の第二項に南軍支隊の海峡扼守の任務を明示しあるは不可なる如くなるも、此場合に於ては南軍支隊の海峡扼守は此対抗の成立する基礎にして、且つ両軍の充分知悉《ちしつ》する処なるを以て、敢て之を違則とせざるなり。

○南軍特別方略

一、対州尾崎湾に泊在して出動の準備完成せる南軍支隊の指揮官は八月十二日午後五時主隊長官より左の電令（八口浦望楼経由）を受領す。

午後三時敵の戦艦二隻、二等巡洋艦四隻、駆逐艦約四隻、梅加島（大黒山群島）の正北約十五浬《カイリ》を南微東に向て逃走す、其速力約十四節《ノット》、其隊は之を海峡に阻止するに努むべし、当隊は今敵の残部を攻撃中なり。

二、対馬及鎮海湾の防備は完成し、又佐世保水雷艇隊二隊（仮想）は壱岐水道を警備す。

〔附令〕南軍支隊は八月十二日午後六時以後発動することを得。

（説明）此方略第一項の本文は南軍支隊現下の境遇を指示し、又其電令は其為すべき任務と敵情を指示するものなり。而て主隊が敵の残部を攻撃中にあるを記せるは、其海峡に到着の時機遅るゝことを暗示せるものなり。但し暗示は判断を要するが故に可成的之を避くるを可とす。

又第二項に仮想の佐世保水雷艇隊を置きしは南軍支隊の兵力足らざるを以て壱

岐水道の夜中警備を除外したるものなり。

○北軍特別方略

一、浦汐に赴くべく令せられたる北軍主隊の一部は八月十二日午後三時頃梅加島の北方に於て、敵主隊の追撃を脱し、十三日午前五時巨文島（灯台）の南東弐十浬の地点に達す、但し太平洋を迂回すべき載炭を有せず。

二、旅順に於て得たる情報に拠れば、対馬海峡にある敵の兵力は一等巡洋艦四隻、二等巡洋艦六隻、通報艦一隻、駆逐艦八隻、水雷艇約十五隻にして、敵は沿海数ケ所に望楼を新設したりと云ふ。

〔付令〕北軍支隊は八月十二日午後四時出発、十三日午前五時発動地点に到達し爾後此方略に依り行動すべし。

（説明）此方略の第一項は北軍支隊の任務及現下の境遇を指示すると同時に其発動地点と対馬海峡の通過とを指定するものなり、尚ほ其航路をも略ぼ指定せんとせば別に浦塩支隊の如きものを仮想し対馬海峡の北方適当の地点に之れと会合すべき命令等を加ふも可なり、但し此演習には其必要なきを以て初めより浦塩支隊を除外しあるなり。

又第二項の敵の兵力は演習部隊の編制表に指示しあるべきを以て此に示すの要

なきが如きも其内に仮想兵力を含有するが故に之を掲げたるものなり。

演習の方略は演習部隊の兵力、演習地域及日限相同しきも、尚ほ戦勢の相違に依り、種々に構成さるゝものなれば、前記の一例を以て全豹を示す能はずと雖も、略ぼ之に依り其一斑を知るに足るなり。

又方略以外に、演習の指導上必要あるときは、演習部隊の行動を制限すべき制令（例ば某水道は通過すべからずと謂ふが如きもの是なり）を発することあり。然れども、適良に構成されたる方略は、已に方略其物に依り、演習部隊の行動を制限しあるが故に、大抵之を要せざるのみならず、却て自然に遠かり之が為に対抗軍の一方の情況等を他方に推知せしむるが如きことあり。故に已《や》むを得ざる場合の外、制令を用ひざるを可とす。仮説及仮想敵演習には一般方略若は想定のみを発して、特別方略を与ふること無し。但し仮設敵部隊には其行動を指定せる訓令を賦与するを例とす。

㈤演習消耗品の制限

本来軍国は其国軍の教育訓練に必要なる演習の経費を予算しあるべきを以て、軍隊が規定の演習を施行するに当り、其消耗品を制限するの要なきが如きも、演習の規模に比して演習費の定額少きときは、遂に消耗品を制限するの已むを得ざるに至るを常とす。

海軍の演習用消耗品の主要なるものは航海用燃料及其他の消耗品、並に空放及火工品等なり。就中燃料は其全額の五分の四以上を占む。故に多くの場合に於て、燃料の消耗制限を主とし、従て演習艦艇の行動航程若は速力に制限を置かざる可らず。航程若くは速力の何れを制限する乎に就ては、又大に利害の関係あり。燃料の経済を主眼とすれば航程よりも速力を低減するに利ありと雖も、（高速力の発作には速力の比例以上に燃料を要すること言ふを竢たず）低減速力にては艦艇の戦略及戦術的能力を充分に発揮せしむること難く、（仮とひ各艦艇の速力を同比例に低減するも）之れに依り実施されたる演習の成果は以て有事の日の資料となすに足らざるなり。此故に演習の目的を達成せんには、速力よりも寧《むし》ろ航程の制限を大にするを可とし、先づ演習の方略を構成するに当り、効果少き準備運動等に多量の燃料を消費せしむることなく、攻究の価値多き部分のみに於て、為し得る限り速力を利用して演習せしむる如く、指導するを可とす。（対抗演習等に於て両軍の発動地点を無要に遠隔せしが如きは甚だ不可なり）又空放の制限も、或る程度迄は已むを得ざることあり。然れども其発放の速度を制限するよりは時間に於てするを可とす。速度を緩にして、何分に一発等の制限を置けば、演習に於ける戦闘の光景を実戦より遠からしめ、（急射撃緩射撃等を遠距離より識別する能はず）年少将校及新兵等の教育に適せざるべし。空放已に尽きたるときは、寧ろ速《すみやか》に演習を中止するに如かざるなり。

○演習計画の要領以上の如し。是より演習の実施に説及せんとす。

演習を実施するには、先づ演習開始前（大演習は約三週間前、小演習は約一週間前、又基本演習は二日前とす）演習計画書（統監部及演習部隊の編制表、演習地域、演習日限、演習の一般方略及演習消耗品の制限等を列記せるものなり）を演習部隊の各指揮官に配附し、之れに対し、各軍の編制、通信等に関する法令又は、戦策の如き、凡て実戦に於ても予令し得らるべき諸令達を起草して、総監部に提出せしめ、然る後対抗両軍に特別方略を賦与し、又之れに対する作戦命令等を提出せしむ。此特別方略を発する時期は遅きに失するよりも、早きに過ぎたるを可とす。（大演習にては演習開始前約四日、小演習にては約二日、基本演習にては約一日を適度とす）是れ演習部隊の指揮官に研究考慮するの時間を与ふる為めにて、素より実戦に於ては斯くの如き余裕あるべきにあらずと雖も、演習は教育を目的とせるが故に、充分に考究して遺算無き計画を策定せしむるを要す。又之れに対する作戦命令等の提出時期は、演習開始前六時間乃至十二時間たらざる可らず。統監部は此間に於て演習部隊の作戦計画を調査し、若し必要あれば、更に情報等を与へて、演習を所望の方針に指導するものとす。

又演習計画書を配附するとき、必要あれば、尚ほ演習実施規定を附加することあり。

此実施規定に指定すべき事項は概ね演習地域の標準時、（地域内の標準時異れる場合に限る）演習中航海灯の点滅及対抗艦船の近接距離に関する制限、武器の効力標準、若は使用す可らざる通信符字等にして、若し其必要なきときは、特に実施規定を設くるに及ばず。

前記の如く演習実施の準備完整すれば、統監部は時を期して演習の開始を布告し、爾後勉めて演習部隊指揮官の意志を拘束すること無く、其作戦計画に準じて機宜の動作を執るに任かすを要す。而て若し演習経過中演習部隊の行動如何《いかん》に依り、戦況予期以外に変化し、演習の目的に添はざる場合には、統監部は特に其時機に適応すべき、高等司令部の命令、若は他部よりの情報等を与へ、以て之を所望の方向に指導するものとす。（要すれば一時演習を中止するも可なり）然れども、演習経過中に予定されざる臨時の情報等を発すれば、其伝達各部に及ばずして、往々審判上に錯誤を来すの虞あるが故に、可成的之を避くるを可とす。

演習経過中、統監は到底其耳目を全局に及ぼすこと難きを以て、之れに陪従すべき必要の審判官を演習部隊の各部に配し、之れに依り局部の戦況を判決せしめざる可からず。審判は実に演習実施の最大要務にして、演習効果の大小は主として其適否に起因するものなり。而て其最も困難なるは、武器の効力を判定することにて、対抗両軍相触接して戦闘する場合には、屢々《しばしば》敵の武器の効力に顧慮せず、実戦にあり難き動作をなすことあるを以て、審判員は常に之に留意して、迅速に厳正の判決を下し、其損害を明示するを要す。而て其損害の程度廃艦期に達せる艦艇は、一時之を戦場以外に退去せしめ、適当なる時間の後復活せしむるを要す。此退去時間は大抵其地点に於ける対抗の終結する迄にして、決して長きに過ぐ可らず。是れ教育の目的に反すればなり（廃艦となりたる艦艇を除外して全く爾後の演習に参加せしめざるが如きは甚だ不可なり）。

又演習経過中、対抗両軍衝突して、戦況紛乱するに至れば、統監は一時演習を中止し、現下の情況に対する両軍指揮官の決心及爾後の意図を質問して、其の判決を下したる後、両軍の間に更に適当の間隔を取らしめ、演習を再興するを可とす。或《あるい》は又実戦に之れあるが如く、両軍を隔離せる両地に退去集合せしめ、更に之れに適当の情報等を与へ、時を期して演習を再興せしむることあり。

演習の経過已に終結に近き、尚ほ之を継続するも、情況に変化無く、演習の習得少しと認むるときは、統監は速に演習を中止し、演習部隊指揮官現下の決心爾後の意図等を質したる後、演習を終結し、次で演習部隊を一地に集合して講評を下し、茲に全く演習実施の業務を結了するものとす。尚ほ演習の審判及講評に就ては、之を後節に詳記す。

第四節　演習の審判及講評

○夫れ演習は実戦に模擬せる応用教育なり。実戦に於ては現実に武器の効力を見ることを得、損害立《たちどこ》ろに発生し、士気為に消長し、勝敗自然に決すと雖も、演習に於ては然らず。審判は即ち実戦に於ける自然の判決を人為的に演習に於てするものにて、演習を実戦の如くならしむる唯一の手段なりとす。故に審判の公正適切なる演習は毫も実戦と異る処なく、其公正適切の度を減ずるに準ひ、演習をして益々実戦より遠からしむるものなり。

又演習をして他日の実戦に備ふべき教育たらしめんとせば、能く其成績に稽《くら》べ、演習部隊の行動作業等の適否を指摘して其過失を匡正し、以て其改善進歩を期せざる可らず。講評は即ち之が為にするものにして、演習の教育の目的を達する最要の手段なりとす。講評無き演習は尚ほ耕して其果を収めざるが如し。

之を要するに、審判ありて演習を成立せしむるを得、講評ありて其成果を収め得るものにして、両者其孰《いづ》れを欠くも、以て演習の目的を達成する能はざるなり。

○審判は最も公正にして且つ適切ならざる可らず。故に之れに従事する者は、常に神明に代りて是非を判決するの心持あるを要す。公正は尚ほ之を期し得べしと雖も、適切に至りては多量の識見と経験を以てするにあらざれば之を望む可らず。彼の空放を聞きて火器の効力を推測し、戦勢を見て士気の盛衰を判断するが如き、豈《あに》容易の観察ならんや。此故に審判を公正適切ならしめんとせば、先づ優秀の将校をして其任に当らしめ、且つ其多数を使用せざる可らず。無能の審判官は下すべき判決を敢てする能はざるのみならず、往々判決を誤りて演習を不自然に指導し、却て其無きを可とすることあり。又審判官寡少なるときは、演習部隊の分離する場合等に於て、屢々局部の対抗を判決するもの無く、為に実際に於ては早く勝敗の決すべき対抗を無益に永続せしむることあり。已に審判官の多数を使用するものとせば、又各官審判上の見界に異同なからしむるを要す。然らざれば審判の公正得て望む可らず。此に於て審判例若は審判標準を制定し、各審判官をして之れに準拠せしむるの必要を生ず。

審判標準には戦略的のものと戦術的のものあり。前者は主として艦艇戦闘力の優劣に依り、対抗隊若は艦の勝敗を即決するものにて、例ば甲隊（其戦闘力点数合計一五〇点）が乙隊（其戦闘力点数合計二〇〇点）と何時間戦闘距離以内に触接しあれば敗滅すと決するが如し。（海軍大学校図上演習規則を参照すべし）又後者は武器の効力に基き、艦艇の攻撃力と防禦力の対比に依り、対抗隊若は艦の勝敗を決算するものにて、例ば防御力点数八〇〇点の某艦が敵艦数隻の攻撃に依り、被りたる被害点数（毎分時に於ける戦闘距離に準じ攻撃力点数を定め之を被攻撃艦の被害点数とす）或る時間の後八〇〇点に達すれば、其防御力尽きて廃艦となるが如し（海軍大学校兵棋演習規則を参照すべし）。

此二種の審判標準は各級演習を実施するに当り、共に併用すべきものにて、戦略的標準は単に戦略上の研究を目的とせる対抗の審判に適用し、又戦術的標準は戦術上の研究を主眼とせる対抗を判決す（戦略的標準は簡便なれども之を以て戦術の巧拙等を判決する能はず）。然るに実地演習には大抵戦術的対抗あるが故に、多くの場合に於て戦術的標準に準拠せざる可らざるものとす。現行海戦要務令の演習審判例に示しあるは、主として戦略的審判標準のみにて、未だ不具の点あるを以て、左に単簡なる戦術的審判標準の一例を掲ぐ。

砲戦審判標点表

艦種＼標点項目	遠戦攻撃力	近戦攻撃力	接戦攻撃力	防御力
戦艦 一万五千噸以上	一分時 三	一分時 七	一分時 一〇	五〇

同 一万噸以上	同 二	同 五	同 八	四五
装甲巡洋艦 一万噸以上	同 二	同 五	同 八	四〇
同 同以下	同 二	同 四	同 七	三五
二等巡洋艦	同 一	同 二	同 四	二〇
三等巡洋艦	○	一	三	二〇
通報艦	○	一	三	一五
駆逐艦	○	○	二	一〇
水雷艇	○	○	一	一〇
法	一、本表の攻撃力標点は最高点を示すものなり、故に砲戦の情況に稽へ、射角のため全砲を発射する能はざるか或は艦の旋回若は射距離の急変等に依り照準困難なる艦の標点は適宜に減点するを要す。			

用

二、艦隊戦闘の場合には、対抗艦艇は常に其射撃目標とせる敵艦の番号を表示する数字号旗を掲揚するものとす、審判官は之を見て集弾の情況を知り、時間を計りて対抗艦艇の被害点数を暗算す。
三、被害点数が防禦力標点の二分の一に達したる艦は其攻撃力半減するものとし、全点数に達すれば廃艦とす、而て両者共に標旗を以て表示せしむるものとす。

〔附記〕
本表は審判官之を暗記し単に審判の標準とするものなれば簡単にして記憶し易きを可とす、故に兵棋演習規則に規定しあるが如き精密のものたるを要せず。
又本表は単に砲術の審判のみに用ふるものにて、尚ほ水雷戦の審判に対しては魚雷発射方位及発射距離等に準じて命中公算の標点を定め、或る公算点数に達したるものを命中と判決するを簡便なりとす。

如上の審判標準に準拠するの外、審判官は対抗艦艇の射撃の緩急、射撃指揮法の適否、射撃軍紀の整否等を観察し、（魚雷発射に於ても亦然りとす）尚ほ戦勢を見て士気上の影響をも同時に考量して、適宜に之を斟酌するを要す。
○審判官其職務を行ふときは、統監の名を以て命令するに等しきものとす。故に演習部隊長若は艦長等は上官と雖も、之れに服従せざる可らず。而て其一たび下したる判決は統監の外之を変更す可らざるものとす。

凡そ審判官判決を下すに当り、仮令爾後如何なる予定の計画あるを知るも、判決の時機に至れば、演習爾後の進捗等に顧慮することなく、之を断行するを要す。但し判決を下すに先《さきだ》ち、実際なればあり得べき武器の効力、損害の程度、若は士気の盛衰等に就き、其推測する所見を演習部隊長若は艦長等に通告し、以て予め其注意を促がすを可とす。然れども時機に先てる無要の判決及頻繁なる通告は必ず之を避けざる可らず。是れ徒《いたづら》に演習部隊指揮官の危惧を増し其動作を妨害するに等しければなり。而て已に判決を下したる後は演習部隊をして厳正に之を服行せしむるを要し、戦略的対抗に於ては敗者の前進を禁じ或は之に退却を命じ、又戦術的対抗なれば各損傷艦の被害程度に準じ、廃艦旗若は勢力半減旗（尚ほ四分の一、及四分の三減旗を設くるも可なり）を掲揚して、戦闘距離以外に退去せしめ、其戦闘に与るを得ざる時間を指定するものとす。尚ほ審判官は其為したる判決を可成的速に統監に報告するを要す。而て対抗の経過已に終戦期に近き、爾後之を継続せしむるの必要なきに至れば、統監は演習を中止し、演習部隊指揮官を召集して最後の大判決を下し、要すれば之に対し指揮官現下の決心、爾後の意図等を質だし、次で講評に移るものとす。

○講評は必ず演習の終結後に於てのみなすものにあらず。演習経過中と雖も中止の時機あれば、各級演習部隊指揮官を召集して、其時迄の経過に就き講評するを可とす。是れ指揮官爾後の動作を戒むるの利益あるを以てなり。但し之れが為め両軍爾後の計画意図等を推知せしむるが如きことなきを要す。

統監は講評を行ふに先ち、各審判官を会合し、自己の目撃せざる各部の情況及其判決したる事情等を逐一報告せしめ、又要すれば演習部隊指揮官をして、其為したる動作等に就き理由を説明せしむるを可とす。是れ事情の不明より生ずる過誤の講評を避くるが為めなり。而て講評をなすには、先づ演習の経過を詳《つまびら》かに説明し、然る後対抗両軍各別の作戦計画及其実施に就き、演習の発端より各時期に亘り逐次に講評を下し、最後に此演習にて攻究し得たる断案又は撿定し得たる成績の要領を指示し、要すれば将来に対する自己の希望を添ふるものとす。

凡そ講評には対抗両軍の作戦計画及其実施の誤謬過失等を一々指摘するを要すと雖も、其文意は専ら教戒を主旨とし、決して呵責批難に渉る可らず。但し過誤にあらずして、労を厭《いと》ひ当然遂行すべき業務を怠りたるが如きものあるときは、之に適度の呵責を加ふるを要す。又両軍の計画及実施の適否等を評するに当りては、単に「可なり」、「不可なり」、「適当なり」、「遺憾なり」、「同意を表す」、「同意し難し」等の如き短評に止めず、之れに起因せる結果又は之に類せる実例等を挙げて、其可若は不可なる理由を説明し、且つ別に為すべき正当の措置方法等を指示するを可とす。例ば「予をして之に当らしめば斯々為したらん」と謂ふが如し。而て失錯の原因が技能の未熟又は考慮の不足等にあるものに対しては「尚ほ練磨を要す」「更に研究するを可とす」等の如き訓詞を加ふるものなり。講評は斯くの如くして、初めて教化の効力を有し、以て演習の目的に合ふものなり。

○以上は単に演習の審判及講評に就き、其要義を説明するに過ぎず。尚ほ之を実際に適用するには諸多の規定を設けざる可らず。然れども之に依り、審判と講評が演習を成立せしめ、且つ其目的を達成せしむる最大要務たると同時に、尋常の見識と経験を以て為す能はざる至難の業務たるを了会して、其職に従事するときは、庶幾くは今後の大小諸演習に於て、一層の効果を挙ぐるを得んか。国家士を養ふこと千日、将来一日の用を為さしめんとせば、其最高最終の教練たる演習は実戦の如くならしめ、一旦緩急あらば実戦を演習の如くならしめざる可らず。而て斯くの如く為し得るもの、主として審判と講評あるのみ。

秋山真之略年譜（年齢は数え年とする）

一八六八年（明治元年）　1歳
三月一〇日、伊予松山（現在の愛媛県松山市）の中歩行町に、父・久敬、母・サダの五男として生まれる。

一八七五年（明治八年）　8歳
勝山小学校に入学。

一八七九年（明治一二年）　12歳
県立松山中学校に入学。

一八八二年（明治一五年）　15歳
六月、松山中学校を中退し上京。

一八八四年（明治一七年）　17歳
大学予備門に入学。

一八八六年（明治一九年）　19歳
十月、海軍兵学校に入校。

一八九〇年（明治二三年）　23歳
七月、海軍兵学校を首席で卒業、海軍少尉候補生となる。同月、「比叡」乗組となる。この年、父・久敬死去（享年六九）。

一八九一年（明治二四年）　24歳
六月、「高千穂」乗組となる。

一八九二年（明治二五年）　25歳
五月、海軍少尉となる。同月、「龍驤」分隊士となる。

一八九三年（明治二六年）　26歳
四月、「松島」航海士となる。六月、イギリスで建艦の「吉野」回航委員として渡英、同艦分隊士として帰国。

一八九四年（明治二七年）　27歳
四月、「筑紫」航海士となる。日清戦争勃発。威海衛攻略作戦。

一八九五年（明治二八年）　28歳
七月、「和泉」分隊士となる。十一月、「大島」航海士兼分隊士となる。同月、勲六等単光旭日章を受ける。

一八九六年（明治二九年）　29歳
一月、水雷術練習所学生となる。五月、横須賀水雷団第二水雷艇隊付となる。七月、「八重山」分隊長心得となる。十月、海軍大尉となる。同月、「八重山」分隊長となる。十一月、軍令部諜報課課員となり中国東北部にて諜報活動に従事する。

一八九七年（明治三〇年）　30歳
六月、米国駐在武官としてワシントンに着任。米海軍大佐アルフレッド・セイヤー・マハンを訪ね教えを乞う。この頃から本格的な海軍戦術研究を開始する。

一八九八年（明治三一年）　31歳
六〜八月、観戦武官として米西戦争を視察。報告書「サンチャゴ・ジュ・クバ之役」を著す。

一八九九年（明治三二年）　32歳
ニューポート滞在中に「天剣漫録」を著す。十二月、英国に転任、以後、西欧各国を視察する。

一九〇〇年（明治三三年）　33歳
帰国。八月、海軍省軍務課員となる。十月、常備艦隊参謀となる。

一九〇一年（明治三四年）　34歳
十月、海軍少佐となる。

一九〇二年（明治三五年）　35歳
七月、海軍大学校戦術教官となる。

一九〇三年（明治三六年）　36歳
「兵語界説」「海軍英文尺牘文例」をまとめる。四月より海軍大学校で講義をおこなう（「海軍基本戦術」「海軍応用戦術」「海軍戦務」「海国戦略」）。十月、常備艦隊参謀兼第一艦隊参謀となる。六月、すゑと結婚。

一九〇四年（明治三七年）　37歳
九月、海軍中佐となる。二月、日露戦争勃発。連合艦隊兼第一艦隊参謀として、東郷平八郎らとともに「三笠」に乗艦。旅順口閉塞作戦。先任参謀となる。黄海海戦。蔚山沖海戦。

一九〇五年（明治三八年）　38歳
日本海海戦。勲四等授瑞宝章を受ける。母サダ死去（享年七九）。日露戦争終結後、再び海軍大学校戦術教官となる（十一月）。

一九〇六年（明治三九年）　39歳
四月、功三級金鵄勲章および勲三等旭日中授章を受ける。
長男・大誕生。

一九〇七年（明治四〇年）　40歳
海軍大演習で中央審判部員となる。
次男・固誕生。

一九〇八年（明治四一年）　41歳
二月、「三笠」副長となる。八月、「秋津洲」艦長となる。九月、海軍大佐となる。十二月、「音羽」艦長となる。
三男・中誕生。

一九〇九年（明治四二年）　42歳
十二月、「橋立」艦長となる。

一九一〇年（明治四三年）　43歳
四月、「出雲」艦長となる。十二月、「伊吹」艦長となる。
長女・少子誕生。

一九一一年（明治四四年）　44歳
三月、第一艦隊参謀長となる。
一九一二年（明治四五・大正元年）　45歳
十二月、軍令部参謀兼海軍大学校教官となる。
一九一三年（大正二年）　46歳
十二月、海軍少将となる。
四男・全誕生。
一九一四年（大正三年）　47歳
四月、軍務局長兼将官会議議員となりシーメンス事件の処理にあたる。八月、高等捕獲審検所評定官となる。十一月、艦型艤装調査委員となる。
一九一五年（大正四年）　48歳
十一月、勲二等旭日重光章を受ける。
一九一六年（大正五年）　49歳
二月、軍令部出仕となる。同月、欧州戦線視察のため渡欧（十月帰国）。十二月、第二水雷戦隊司令官となる。
次女・宜子誕生。
一九一七年（大正六年）　50歳
七月、再び将官会議議員となる。十二月、海軍中将待命を命ぜられる。
実業の日本社より『軍談』刊行される。
一九一八年（大正七年）　51歳
二月七日、腹膜炎により小田原にて死去。

解説

戸高一成
（呉市海事歴史科学館館長）

前巻の「海軍基本戦術」に続き、本巻では「海軍応用戦術」「海軍戦務」を収録した。

「海軍応用戦術」は、秋山の戦術思想がよく表れている。基本的に孫子の思想を受け継いだもので、戦わずして勝つことを上の上としていた。ただし、これは海軍がどのような敵艦隊に対しても必勝の能力を持っていることが前提であり、この戦闘能力を持っていることが戦わずして勝つための条件なのである。

「海軍戦務」は、海軍と言う巨大組織を十分にかつ効率的に運用するための、詳細なマニュアルとも言うべきもので、実際の所秋山が最も力を入れた研究、講義は、この戦務であったと思われる。これは、日露戦争後に五期甲種学生として海軍大学校で秋山の講義を受けた山梨勝之進が、太平洋戦争後の昭和三五年、海上自衛隊の幹部学校において講演した際に、日露戦争直後の海軍大学校での講義において、秋山が「自分はこの戦争で国に奉公したのは、戦略・戦術ではなく、ロジスチックス（戦務）であった」と発言したことを語っていることからも窺うことが出来る。

海軍における戦務の参考図書としては、明治三四年に「海戦要務令」として戦務の要点が文庫サイズの小冊子に纏められ、部内に配布された。この「海戦要務令」は明治四三年に第一回の改定を加えられたが、この改定には、秋山の「海軍戦務」が大きく影響していると見ることが出来る。この「海戦要務令」は当初単なる業務参考書であったものが、後に極秘図書となり、一種聖典化してしまい、日本海軍の作戦を縛る結果になり、日本海軍の作戦計画から柔軟性を奪う原因の一つとなってしまった。

海軍応用戦術

半紙判洋紙に筆耕の手になる文字を石版印刷。天地二六・五センチ、針金綴じ。表紙一丁、緒言二丁、本文一六丁。表紙裏に、「海軍大学校長　島村速雄。命令、本書ニ依リ海軍応用戦術ヲ修得スベシ。発行年月日、明治四二年三月一八日。沿革、教官海軍少佐秋山真之講述　第四版」。

緒言の日付は明治三六年九月であり、これが開講の時期であろう。

内容は、後出の明治四〇年発行の三版と変わらないが、石版印刷のために文字が小さく鮮明に出ることから、丁数は減少している。

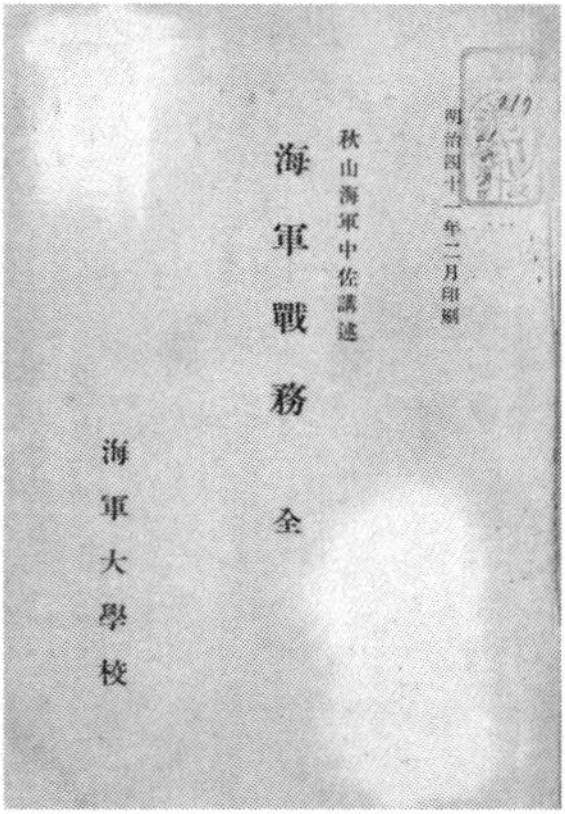

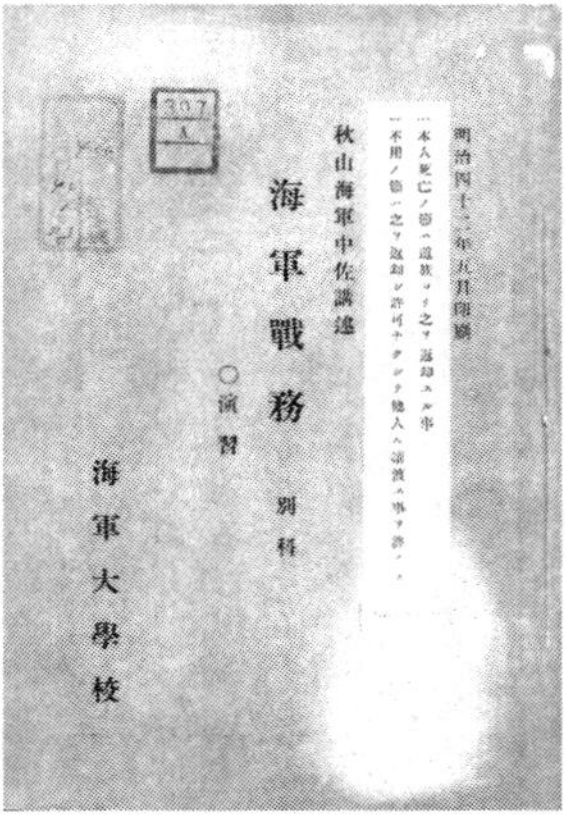

「海軍基本戦術」では、秋山は基本的に屈敵主義であり、敵を殺傷することなく、戦力を奪えば良し。としてきたが、ここでは更に明確に、

「戦略は常に戦闘を主要の手段と為さず、到て之を無くして目的を達するを上乗とし、其要旨とする処は、即ち戦はずして敵を屈するの一句に帰着するなり」

としている。

海軍戦務

活版印刷、天地二二・五センチ、緒言三ページ、目次三ページ、本文一一〇ページ、付録四ページ、別丁の図が二九枚である。糸で綴じられ、薄い赤色の表紙が糊付けされている。表紙には、「明治四十一年二月印刷　秋

山海軍中佐講述　海軍戦務　全　海軍大学校」とあり、左肩に部外極秘の注記が有ったと思われるが、原本では消した痕跡がある。表紙裏には、「発行年月日　明治四十一年二月二十八日」とあり、沿革として、「本書ハ明治三十六年ヨリ同四十年ニ亘リ（其間日露戦争ヲ除ク）秋山教官カ第四、第五、第六期甲種学生ニ対シ三回講授シタルモノナリ」と刊記がある。なお、緒言の日付は明治三六年四月となっており、これが講義開始の時期と見てよいであろう。

秋山については、戦術のみが有名であるが、実際に日本海軍に与えた影響という意味から見れば、この「海軍戦務」を見落とすことは出来ない。艦隊における令達、通信、偵察、警戒といった最も基本的な任務についての規範を整備することこそが、海軍という組織にとって重要なことであったのである。

海軍戦務・別科

活版印刷、天地二二・五センチ、目次一ページ、本文三四ページ。糸で綴じられ、薄い赤色の表紙が糊付けされている。表紙には、「明治四十二年五月印刷　秋山海軍中佐講述　海軍戦務　別科　〇演習　海軍大学校」とあり、左肩に「秘」の印がある。表紙には、「一本人死亡ノ節ハ遺族ヨリ是ヲ返却スル事　一不要ノ節ハ是ヲ返却シ許可ナクシテ他人ニ譲渡ス事ヲ許サス」との付箋が添付されている。表紙裏には、「刊行年月日　明治四十二年六月一日」とあり、沿革として、「本書ハ明治四十一年二月刊行ノ「海軍戦務」ニ追加スヘキ演習ニ関スル一章ニシテ秋山兵学教官カ明治三十六年ヨリ同四十年ニ亘リ（其間日露戦役ヲ除ク）第四、第五、第六期甲種学生ニ対シ三回講授シタルモノナリ」と刊記がある。

この別科は、演習の計画、実施、判定、講評までの手順を示したものである。なお、この別科は実際の演習についての講義であるが、秋山はこの他に兵棋演習を取り入れていた。これは所謂ウォーゲームで、明治三三年に海軍大学校教官であった山屋他人が陸軍の兵棋演習を参考に始めたものを、明治三五年に至り後任の秋山が米国で行われていた海軍式の兵棋を取り入れたものである。秋山が米国留学から持ち帰ったので、一般的に米国からの導入と思われているが、英国海軍でも行われており、当時英国の世界軍艦年鑑 ALL THE WORLD FIGHTING SHIPS の編集者である FRED T. JANE が一八九八年にロンドンで発行した RULES FOR THE JANE NAVAL WAR GAME が広く普及していた。この本は、第一部戦術、第二部戦略とし、大きな海図版一〇枚と軍艦の小型模型など必要な駒を収めた箱二つを付録とした本格的なボードゲームであり、海軍大学校図書館の蔵書として収蔵されていた。秋山がこのウォーゲームに注目したことは確かであるが、秋山自身は、このゲームを、やや現実に合わない面が有るとして、独自にルールを作った。後に「海軍兵棋演習規則」として纏められ、兵器の発達などに合わせてルールに数度の改訂を加えながら、太平洋戦争期まで使用された。

異版について

海軍応用戦術

半紙判洋紙に手書き謄写版印刷。天地二六・五センチ、紙縒綴じ、表紙一丁、緒言二丁、本文一七丁、表紙裏に、「海軍附大学校長坂本俊篤、命令、本書ニ依リ海軍応用戦術ヲ修得スヘシ。発行年月日、明治四〇年二月六日」。沿革、「教官海軍少佐秋山真之講述　再版」とある。本書は第一章のみが綴じられていて、第二章以下は無い。

海軍応用戦術

和紙に謄写版印刷。天地二六・五センチ、糸綴じ、表紙一丁、緒言三丁、本文三二丁、表紙裏に、「海軍附大学校長坂本俊篤、命令、本書ニ依リ海軍応用戦術ヲ修得ス

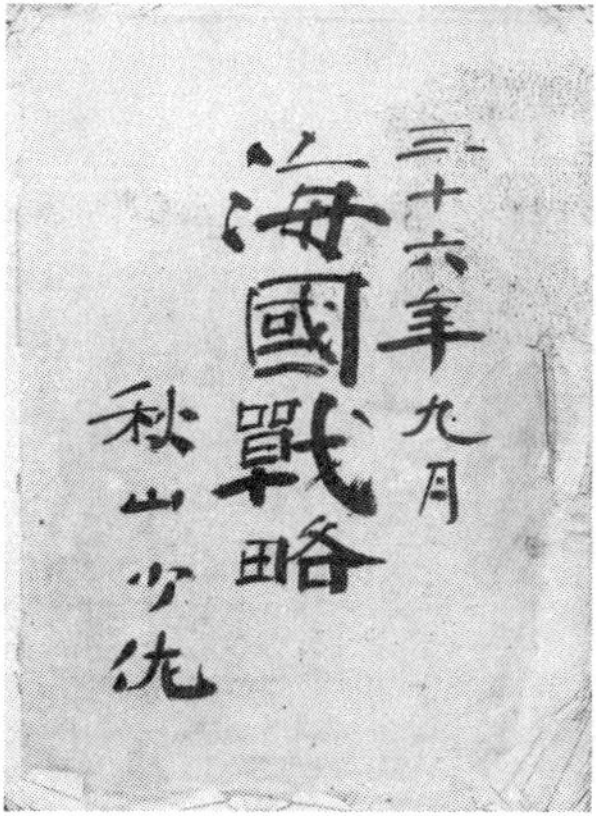

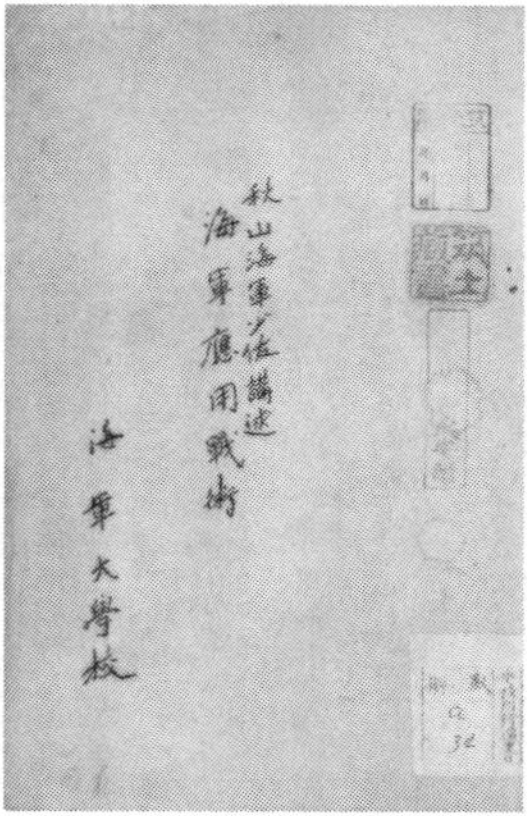

ヘシ。発行年月日、明治四〇年二月六日。沿革、教官海軍少佐秋山真之講述三版」とある。内容は、復刻底本とした四版と変わらないが、手書き文字が大きいために、本文丁数が倍になっている。

　この他に、秋山には「海国戦略」がある。島田謹二氏が、稿本からとして『ロシヤ戦争前夜の秋山真之』（一九九〇年、朝日新聞社）に引用しているので、現存すると思われるが、筆者は未見である。秋山真之会発行の『秋山真之』（一九三三）には、海国戦略原稿の仮表紙の写真と、前書きと思われる記事の一部が引用されている。二〇〇五年本書元版の編纂時に、秋山のご親族などに照会したが所在は不明であった。「海国戦略」が稿本のままであったのは、海軍大学校の方針で、秋山には戦術を受け持たせたが、国防、戦略等については後任の佐藤鉄太郎に受け持たせることにしたためではないかと思われる。結果、海軍大学校の講義録としては明治四〇年に佐藤鉄太郎の「海防史論」が発行された。これは四分冊合計一〇〇〇ページを超える浩瀚なもので、これは後に『帝国国防史論』（一九〇八、東京印刷株式会社）として公刊された。また佐藤は「海軍戦理学」を講じ、これも一九一三年に水交社から部外秘として出版された。

次に、本書で使われている用語の一部について、簡単に説明しておきたい。

時代が明治三〇年代であり、戦艦で言えば前ド級艦の時代では有るものの、実際の海戦による戦例はなく、海軍戦術に関しては模索の時代と言って良い時期であった。このため、文中には「衝角戦術」（ram tactics）の文字がある。これは強化突出した艦首で敵艦に体当たりする戦術であり、日清戦争における清国戦艦鎮遠型などが代表的な戦艦であった。

さすがに秋山はこれを現実的には捕らえていない。当時は砲術が急速に発達していた時期で、砲戦に関する記載が多いが、馴染みのない用語としては「苗頭」（deflection）がある。これは照準の左右修正を言う言葉で、幕末の砲術家が、風でなびく苗の穂先を見て左右修正を行った事から来た、との説もある。砲術に関しては、「早発」（premature explosion）が言及されているが、これは、当時信管の信頼性が無く、敵艦に命中した衝撃で自爆してしまう弾丸が多かったことを思わせる。本来対戦艦砲撃では、砲弾は命中後、敵艦艦内に突入してから爆発するように調整されているものなのである。

当時魚雷は、水雷と言って、まだ発達初期段階であり、充分な信頼性に欠ける兵器であったが、秋山は、これが急速に発達するであろう事を予見している。当時の水雷の動力は、内蔵する圧搾空気の圧力をそのまま使用する、一種の空気エンジンであり、圧力を下げれば低速で長距離走るが、高速を狙えば忽ち射距離は小さくなるというものであった。この遠距離発射を甲種発射、高速で発射するのを乙種発射と言い、秋山は断然敵に接近して発射する乙雷を志向している。文中、圧力を高めるとの表現は、この推進力ともなる空気圧力のことである。

ちなみに、当時水雷は泊地攻撃に使用されることが多いと考えられていたために、主力艦はこの水雷攻撃を防ぐために、停泊中は「防禦網」（torpedo-net）という金属製の網を船体周囲の海中に垂下していた。

水雷としては、機雷も含むが、特雷と言うのは、秋山の発案になると言われている連繋機雷のことで、浮遊機雷を四個ロープで繋いだもので、進撃中の敵艦の航路上に複数を投下敷設するというものであった。これは海中にはいると約一分で発火状態となり、一時間で機能を失うようになっていた。この連繋機雷を「乙種機雷」と称することがあり、先の水雷の「甲雷、乙雷」と紛らわしいので注意が必要である。

この連携機雷は秋山の発案で極秘のうちに製作され、日本海海戦直前に実用になったとされているが、ロシア海軍では早くからこのような連携機雷は知られており、明治三八年三月号の『サイエンティフィック・アメリカン』誌には、戦艦セバストポール艦長及び副長の談として、マカロフ提督座乗の戦艦ペトロパウロスクは、三個の浮遊機雷をロープでつないだ機雷で撃沈されたもので、前夜日本軍が敷設したものである。との記事が掲載され、明治三八年七月発行の『水交社記事・臨時号』にも翻訳転載されている。実際には、この時に使用された機雷は連携機雷ではなかったが、ロシア海軍としては、連携機雷での被害であると判断していたことが窺える証言である。

秋山は海軍士官の戦術用語に関する共通概念の確立にも注意を払っていた。この考えに添って、海軍大学校で、戦術用語集とでも言うべき「兵語界説」（明治三六年、海軍大学校編纂）を刊行した。明治四〇年に四版（緒言三ページ、本文二一四ページ）

が出ている。内容は六五の戦術用語に簡単な解説を加えたもので、秋山の作とされている。

最後に、秋山戦術は日露戦争後の日本海軍にどのように伝えられたのであろうか。秋山は先に記したように、戦いを望まなかったが、一旦戦争となった場合には、積極的に戦うことを考えていた。秋山は基本的に英米海軍の見敵必戦を引いた決戦主義であり、秋山の要求する軍艦の性能は同じく決戦を目的としたものであった。日本海軍の軍艦の建造方針もそのように指導され、八八艦隊以降も日本海軍の艦隊編制はすべて米艦隊主力との「此一戦」に対する戦備であったといってよい。明治四〇年に制定された帝国国防方針以来、海軍の基本的な決戦構想は、敵主力艦隊が小笠原近海に達した時、後にはマリアナ近海に達した時に全力で決戦を挑むというものであった。このような徹底した日本近海決戦主義の日本艦隊には、損傷艦を工廠に帰投させて、修理しつつ戦うような長期戦的な発想はなかったのである。また軍備自体、基本的には開戦時における兵力で終戦まで戦うという考えであった。しかし、第一次世界大戦後は、戦争自体が国家総力戦、長期戦となっていったために、海軍は基本的な作戦と艦隊運用方針に迷走を来していた。特に太平洋戦争における艦隊運用は見敵必戦とは言い難いものであった。補充の付かない主力艦艇が、決戦前に損害を蒙ることを恐れるあまり、積極的な運用を躊躇していたように見えるのである。

無論航空機が戦力の中核となった太平洋戦争において、明治以来積み上げて来た、日本近海における艦隊決戦構想が有効であるはずもなかったが、どのような状況下にあっても、時代にあった作戦はあったはずである。常に最新の情勢に対応しようとしていた秋山であれば、航空戦中心の太平洋戦争にあっても、必ず現実に即した艦隊作戦を立てたと思う。少なくとも、水上艦隊の威力が失われた後に、「此の一戦に、連合艦隊を磨り潰しても構わない」とした捷一号作戦のような捨て鉢な作戦は立てなかったであろう。

日露戦争勝利の後、東郷長官が読み上げた連合艦隊解散の辞は、秋山の起草とされているが、その文面を改めて読むとき、秋山は日本海軍の将来に、驕りの空気が生まれはしないかということに対して、大きな危惧を抱いていたことが感じられるのである。ここに採録し以て本稿を閉じたい。

二十閲月《えつげつ》の征戦已に往時と過ぎ、我《わが》連合艦隊は今や其の隊務を結了《けつりょう》して茲に解散することとなれり。然れども我等海軍軍人の責務は決して之が為に軽減せるものにあらず、此の戦役の収果を永遠に全くし、尚益々国運の隆昌を扶持せんには時の平戦を問はず、先づ外衛に立つべき海軍が常に其の武力を海軍に保全し、一朝緩急に応ずるの覚悟あるを要す。而して、武力なるものは艦船兵器のみにあらずして、之を活用する無形の実力にあり。百発百中の一砲能く百発一中の敵砲百門に対抗し得るを覚らば我等軍人は主として武力を形而上に求めざるべからず。近く我が海軍の勝利を得たる所以も至尊の霊徳に頼る所多しと雖も抑亦平素の練磨其因を成し、果を戦役に結びたるものにして若し既往を以て将来を推すときは征戦息むと雖も安じて休憩すべからざるものあるを覚ゆ。惟ふに武人の一生は連綿不断の戦争にして時の平戦に由り其の責務に軽重あるの理無し。事有れは武力を発揮し、事無けれは之を修養し、終始一貫其の本分を尽さんのみ。過去の一年有半彼の風濤と戦ひ、寒暑に抗し、屢《しばしば》頑敵と対して生死の間に出入せし事、固より容易の業ならざりしも、観ずれは是れ亦長期の一大演習にして之に参加し幾多啓発するを得たる武人の幸福比するに物無し、豈之を征戦の労苦とするに足らんや。苟《いやしく》も武人にして治平に偸安せんか兵備の外観巍然たるも宛も沙上の楼閣の如く暴風一過忽ち崩倒するに至らん。洵《まこと》に戒むべきなり。

昔者《むかし》神功皇后三韓を征服し給ひし以来、韓国は四百余年間我が統理の下にありしも一たび海軍の廃頽するや忽ち之を失ひ、又近世に入り徳川幕府治平に狃《な》れて兵備を懈《おこた》れば挙国米艦数隻の応対に苦み露艦亦千島樺太を覬覦《きゆ》するも之に抗争すること能はざるに至れり。翻て之を西史にみるに十九世紀の初めに当り、ナイル及トラファルガー等に勝ちたる英国海軍は祖国を泰山の安きに置きたるのみならず、爾来後進相襲《あいつい》で能く其の武力を保有し世運の進歩に後れざりしかば、今に至る迄永く其国利を擁護し国権を伸張するを得たり。蓋し此の如き古今東西の殷鑑は、為政の然らしむるものありしと雖も、主として武人が治に居て乱を忘れざると否とに基ける自然の結果たらざるは無し。我等戦後の軍人は深く此等の事例に鑑み既有の練磨に加ふるに戦役の実験を以てし、更に将来の進歩を図りて時勢の発展に後れざるを期せざるべからず。若し夫れ、常に聖諭を奉体して孜々奮励し実力の満を持して放つべき時節を待たば庶幾《ねがわ》くば以て永遠に護国の大任を全うすることを得ん。神明は唯平素の鍛練に力め、戦はずして既に勝てる者に勝利の栄冠を授くると同時に、一勝に満足して治平に安ずる者より直に之を褫《うば》ふ。古人曰く勝て兜の緒を締めよと。

明治三十八年十二月二十一日　連合艦隊司令長官　東郷平八郎

＊書名の「　」は部内発行図書『　』は公刊図書を示している。

編集付記

一、二〇〇五年に中央公論新社から刊行された『秋山真之戦術論集』のなかの「海軍基本戦術」「海軍応用戦術」「海軍戦務」のうち「海軍応用戦術」「海軍戦務」を収録した。「海軍基本戦術」は別冊にて、二〇一九年八月に刊行した。

一、今日の人権意識または社会通念に照らして、差別的な用語・表現があるが、時代背景と原著作者が故人であることを鑑み、そのままとした。

中公文庫

海軍応用戦術《かいぐんおうようせんじゅつ》／海軍戦務《かいぐんせんむ》

2019年9月25日　初版発行

著　者　秋山《あきやま》真之《さねゆき》

編　者　戸髙《とだか》一成《かずしげ》

発行者　松田陽三

発行所　中央公論新社
〒100-8152　東京都千代田区大手町1-7-1
電話　販売　03-5299-1730　編集　03-5299-1890
URL http://www.chuko.co.jp/

ＤＴＰ　平面惑星
印　刷　三晃印刷
製　本　小泉製本

Published by CHUOKORON-SHINSHA, INC.
Printed in Japan　ISBN978-4-12-206776-9 C1121

各書目の下段の数字はＩＳＢＮコードです。978－4－12が省略してあります。

中公文庫既刊より

さ-72-1
肉弾 旅順実戦記
櫻井忠温
日露戦争の最大の激戦を一将校が描く実戦記。各国で翻訳され世界的ベストセラーとなった名著を百余年を経て新字新仮名で初文庫化。〈解説〉長山靖生
206220-7

い-16-5
城下の人 新編・石光真清の手記㈠ 西南戦争・日清戦争
石光真清
石光真人編
明治元年に生まれ、日清・日露戦争に従軍し、満州やシベリアで諜報活動に従事した陸軍将校の手記四部作。新発見史料と共に新たな装いで復活。
206481-2

い-16-6
曠野の花 新編・石光真清の手記㈡ 義和団事件
石光真清
石光真人編
明治三十二年、ロシアの進出著しい満洲に、諜報活動に従事すべく入った石光陸軍大尉。そこで出会った中国人馬賊やその日本人妻との交流を綴る。
206500-0

い-16-7
望郷の歌 新編・石光真清の手記㈢ 日露戦争
石光真清
石光真人編
日露開戦。石光陸軍少佐は第二軍司令部付副官として出征。終戦後も大陸への夢醒めず、幾度かの事業失敗を経てついに海賊稼業へ。そして明治の終焉。
206527-7

い-16-8
誰のために 新編・石光真清の手記㈣ ロシア革命
石光真清
石光真人編
引退していた石光元陸軍少佐は「大地の夢」さめがたく再び大陸に赴く。そしてロシア革命が勃発した。近代日本を裏側から支えた一軍人の手記、完結。
206542-0

し-31-5
海軍随筆
獅子文六
海軍兵学校や予科練などを訪れ、生徒や士官の人柄に触れ、共感をこめて歴史を繙く「海軍」秘話の数々。小説『海軍』につづく渾身の随筆集。〈解説〉川村　湊
206000-5

と-32-1
最後の帝国海軍 軍令部総長の証言
豊田副武《そえむ》
山本五十六戦死後に連合艦隊司令長官をつとめ、最後の軍令部総長として沖縄作戦を命令した海軍大将が残した手記、67年ぶりの復刊。〈解説〉戸高一成
206436-2

と-35-1
開戦と終戦 帝国海軍作戦部長の手記
富岡定俊
作戦課長として対米開戦に立ち会い、作戦部長として戦艦大和水上特攻に関わった軍人が、日本海軍の作戦立案や組織の有り様を語る。〈解説〉戸高一成
206613-7

い-61-2
最終戦争論
石原莞爾
戦争術発達の極点に絶対平和が到来する。戦史研究と日蓮信仰を背景にした石原莞爾の特異な予見は、日本を満州事変へと駆り立てた。〈解説〉松本健一
203898-1

い-61-3
戦争史大観
石原莞爾
使命感過多なナショナリストの魂と冷徹なリアリストの眼をもつ石原莞爾。真骨頂を示す軍事学論・戦争史観・思索史的自叙伝を収録。〈解説〉佐高 信
204013-7

サ-8-1
人民の戦争・人民の軍隊 ヴェトナム人民軍の戦略・戦術
グエン・ザップ
眞保潤一郎
三宅蕗子 訳
対仏インドシナ戦争勝利を決定づけたディエン・ビエン・フーの戦い。なぜベトナム人民軍は勝利できたのか。名指揮官が回顧する。〈解説〉古田元夫
206026-5

シ-10-1
戦争概論
ジョミニ
佐藤徳太郎 訳
19世紀を代表する戦略家として、クラウゼヴィッツと並び称されるフランスのジョミニ。ナポレオンに絶賛された名参謀による軍事戦略論のエッセンス。
203955-1

と-28-1
夢声戦争日記 抄 敗戦の記
徳川夢声
活動写真弁士を皮切りに漫談家、俳優としてテレビ・ラジオで活躍したマルチ人間、徳川夢声が太平洋戦争中に綴った貴重な日録。〈解説〉水木しげる
203921-6

の-3-13
戦争童話集
野坂昭如
戦後を放浪しつづける著者が、戦争の悲惨な極限に生まれえた非現実の愛とその終わりを「八月十五日」に集約して描く、万人のための、鎮魂の童話集。
204165-3

ハ-12-1
改訂版 ヨーロッパ史における戦争
マイケル・ハワード
奥村房夫
奥村大作 訳
中世から現代にいたるまでのヨーロッパの戦争を、社会・経済・技術の発展との相関関係においても概観した名著の増補改訂版。〈解説〉石津朋之
205318-2

各書目の下段の数字はISBNコードです。978－4－12が省略してあります。

ま-42-2
持たざる国への道 あの戦争と大日本帝国の破綻
松元 崇
なぜ日本は世界を敵に回して戦争を起こし、滅亡の淵に到ったのか？ 昭和の恐慌から敗戦までの歴史を、現役財務官僚が〈財政〉面から鋭く分析する。
205821-7

モ-10-1
抗日遊撃戦争論
毛 沢 東
小野信爾／藤田敬一
吉田富夫 訳
中国共産党を勝利へと導いた「言葉の力」とは？ 毛沢東が民衆暴動、抗日戦争、そしてプロレタリア文学について語った論文三編を収録。〈解説〉吉田富夫
206032-6

や-1-2
安岡章太郎 戦争小説集成
安岡章太郎
軍隊生活の滑稽と悲惨を巧みに描いた長篇「遁走」ほか、短篇五編を含む文庫オリジナル作品集。巻末に開高健との対談「戦争文学と暴力をめぐって」を併録。
206596-3

は-68-1
大東亜戦争肯定論
林 房 雄
戦争を賛美する暴論か？ 敗戦恐怖症を克服する叡智の書か？「中央公論」誌上発表から半世紀、当時の論壇を震撼させた禁断の論考の真価を問う。〈解説〉保阪正康
206040-1

か-80-1
兵器と戦術の世界史
金子 常規
古今東西の陸上戦の勝敗を決めた「兵器と戦術」の役割と発展を、豊富な図解・注解と詳細なデータにより検証する名著を初文庫化。〈解説〉惠谷 治
205857-6

か-80-2
兵器と戦術の日本史
金子 常規
古代から現代までの戦争を殺傷力・移動力・防護力の三要素に分類して捉えた兵器の戦闘力と運用する戦略・戦術の観点から豊富な図解で分析。〈解説〉惠谷治
205927-6

か-80-3
図解詳説 幕末・戊辰戦争
金子 常規
外国船との戦闘から長州征伐、鳥羽・伏見、奥羽・会津、五稜郭までの攻略陣形図を総覧、兵員・装備・軍制の観点から史上最大級の内乱を軍事学的に分析。
206388-4

ク-6-1
戦 争 論（上）
クラウゼヴィッツ
清水多吉 訳
プロイセンの名参謀としてナポレオンを撃破した比類なき戦略家クラウゼヴィッツ。その思想の精華たる本書は、戦略・組織論の永遠のバイブルである。
203939-1

ク-6-2
戦争論（下）
クラウゼヴィッツ
清水多吉訳
フリードリッヒ大王とナポレオンという二人の名将の戦史研究から戦争の本質を解明し体系的な理論化をなしとげた近代戦略思想の聖典。〈解説〉是本信義
203954-4

マ-10-5
戦争の世界史（上）技術と軍隊と社会
W・H・マクニール
高橋均訳
軍事技術は人間社会にどのような影響を及ぼしてきたのか。大家が長年あたためてきた野心作。上巻は古代文明から仏革命と英産業革命が及ぼした影響まで。
205897-2

マ-10-6
戦争の世界史（下）技術と軍隊と社会
W・H・マクニール
高橋均訳
軍事技術の発展はやがて制御しきれない破壊力を生み、人類は怯えながら軍備を競う。下巻は戦争の産業化から冷戦時代、現代の難局と未来を予測する結論まで。
205898-9

い-130-1
幽囚回顧録
今村均
部下と命運を共にしたいと南方の刑務所に戻った「聖将」が、理不尽な裁判に抵抗しながら、太平洋戦争を顧みる。巻末に伊藤正徳によるエッセイを収録。
206690-8

お-19-2
岡田啓介回顧録
岡田啓介
岡田貞寛編
日清・日露戦争に従軍し、条約派として軍縮を推進、二・二六事件で襲撃され、戦争末期に和平工作に従事した海軍高官が語る大日本帝国の興亡。〈解説〉戸高一成
206074-6

な-68-2
歴史と戦略
永井陽之助
クラウゼヴィッツを中心にした戦略論入門に始まり、愚行の葬列である戦史に「失敗の教訓」を探る。『現代と戦略』第二部にインタビューを加えた再編集版。
206338-9

な-68-1
新編 現代と戦略
永井陽之助
戦後日本の経済重視・軽武装路線を「吉田ドクトリン」と定義づけた国家戦略論の名著。岡崎久彦との対論を併録。文藝春秋読者賞受賞。〈解説〉中本義彦
206337-2

ミ-3-1
なぜリーダーはウソをつくのか
国際政治で使われる5つの「戦略的なウソ」
J・ミアシャイマー
奥山真司訳
ビスマルク、ヒトラー、米歴代大統領のウソとは？国際政治で使われる戦略的なウソの種類を類型化し実例から当時のリーダーたちの思惑と意図を分析。
206503-1

各書目の下段の数字はISBNコードです。978－4－12が省略してあります。

い-10-2
外交官の一生
石射猪太郎
日中戦争勃発時、東亜局長として軍部の専横に抗し、戦争終結への道を求め続けた著者が自らの日記をもとに綴った第一級の外交記録。〈解説〉加藤陽子
206160-6

し-5-2
外交五十年
幣原喜重郎
戦前、「幣原外交」とよばれる国際協調政策を推進した外交官であり、戦後、新憲法に軍備放棄を盛り込むことを進言した総理が綴る外交秘史。〈解説〉筒井清忠
206109-5

し-45-1
外交回想録
重光　葵
駐ソ・駐英大使等として第二次大戦への日本参戦を阻止するべく心血を注ぐが果たせず。日米開戦直前まで約三十年の貴重な日本外交の記録。〈解説〉筒井清忠
205515-5

さ-4-2
回顧七十年
斎藤　隆夫
陸軍を中心とする革新派が台頭する昭和十年代、「粛軍演説」等で「現状維持」を訴え、除名されても信念を曲げなかった議会政治家の自伝。〈解説〉伊藤　隆
206013-5

ケ-6-1
13日間　キューバ危機回顧録
ロバート・ケネディ
毎日新聞社外信部 訳
互いに膨大な核兵器を抱えた米ソが対立する冷戦の時代。勃発した第三次大戦の危機を食い止めた両国首脳ケネディとフルシチョフの理性と英知の物語。
205942-9

ハ-16-1
ハル回顧録
コーデル・ハル
宮地健次郎 訳
日本に対米開戦を決意させたハル・ノートで知られ、「国際連合の父」としてノーベル平和賞を受賞した外交官が綴る国際政治の舞台裏。〈解説〉須藤眞志
206045-6

マ-13-1
マッカーサー大戦回顧録
マッカーサー
津島一夫 訳
日米開戦、屈辱的なフィリピン撤退、反攻、そして日本占領へ。「青い目の将軍」として君臨した一軍人が回想する「日本」と戦った十年間。〈解説〉増田　弘
205977-1

チ-2-1
第二次大戦回顧録 抄
チャーチル
毎日新聞社 編訳
ノーベル文学賞に輝くチャーチル畢生の大著のエッセンスをこの一冊に凝縮。連合国最高首脳が自ら綴った、第二次世界大戦の真実。〈解説〉田原総一朗
203864-6

丁字戦法、乙字戦法の全容が明らかに！
日本海海戦を勝利に導いた名参謀による幻の戦術論が甦る。

海軍基本戦術

秋山真之 著
戸髙一成 訳

『秋山真之　戦術論集』の「海軍基本戦術」「海軍応用戦術」「海軍戦務」のうち本巻は「海軍基本戦術」を収録。第一編では、基本である艦隊の構成要素、編制、そして艦隊、戦隊の運動法について、第二編では日本海海戦の戦例を引き、丁字戦法、乙字戦法を講述。

目 次

中公文庫